T0129947

Technik im Fokus

Weitere Bände zur Reihe finden Sie unter
http://www.springer.com/series/8887

Stephanus Büttgenbach

Mikrosystemtechnik

Vom Transistor zum Biochip

Stephanus Büttgenbach
Institut für Mikrotechnik,
Technische Universität Braunschweig
Braunschweig, Deutschland

„Konzeption der Energie-Bände in der Reihe Technik im Fokus: Prof. Dr.-Ing. Viktor Wesselak, Institut für Regenerative Energiesysteme, Hochschule Nordhausen“

ISSN 2194-0770 ISSN 2194-0789 (electronic)
Technik im Fokus
ISBN 978-3-662-49772-2 ISBN 978-3-662-49773-9 (eBook)
DOI 10.1007/978-3-662-49773-9

Die Deutsche Nationalbibliothek verzeichnet diese Publikation in der Deutschen Nationalbibliografie; detaillierte bibliografische Daten sind im Internet über http://dnb.d-nb.de abrufbar.

Gedruckt auf säurefreiem und chlorfrei gebleichtem Papier.

Springer ist Teil von Springer Nature
Die eingetragene Gesellschaft ist Springer-Verlag GmbH Berlin Heidelberg

Vorwort

In der Science-Fiction-Kultserie *Star Trek – Raumschiff Enterprise* aus den 1960er-Jahren benutzt der Schiffsarzt Dr. McCoy einen medizinischen Tricorder, um Verletzungen zu untersuchen, Krankheitserreger nachzuweisen und lebenswichtige Körperfunktionen seiner Patientinnen und Patienten zu überwachen. Der medizinische Tricorder ist ein handliches, multifunktionales Analysegerät und verfügt über eine Vielzahl von SENSOREN und einen Mikrocomputer, um biomedizinische Daten zu erfassen. Die Star Trek-Erzählungen bieten faszinierende Darstellungen fiktiver Technologien, die zumindest teilweise auf wissenschaftlichen Prinzipien beruhen. So ist es nicht verwunderlich, dass einige technische Visionen aus der Serie real wurden, wie beispielsweise die handlichen, aufklappbaren Kommunikatoren oder die Flachbildschirme für die Raumschiff-zu-Raumschiff-Kommunikation. Ein medizinischer Tricorder wurde bislang noch nicht realisiert, aber miniaturisierte, multifunktionale Analysegeräte für eine patientennahe Labordiagnostik sind ein Schwerpunkt aktueller Forschung in der MIKROSYSTEMTECHNIK.

Diese Beispiele zeigen zwei wichtige Trends der Technik auf: Multifunktionalität und Miniaturisierung. Beide Trends kennzeichnen die Entwicklung der Mikrosystemtechnik seit den 1980er-Jahren. Davon handelt dieses Buch. Es soll technikinteressierten Leserinnen und Lesern einen Einblick in das rasch wachsende Gebiet der Mikrosystemtechnik geben, das für die Zukunft unserer innovationsabhängigen Wirtschaft eine große Bedeutung hat. Es soll weder Lehrbuch noch systematische Übersichtsarbeit sein. Es stellt an Hand von zehn Meilensteinen die Entwicklung dar von der Erfindung des TRANSISTORS bis hin zu BIOCHIPS, mit denen Laboruntersuchungen außerhalb eines Zentrallabors in unmittelbarer Nähe zum Patienten durchgeführt werden können.

Die Darstellung legt großen Wert auf die Prozesstechnologien, die in hohem Maße Funktion und Qualität der MIKROSYSTEME bestimmen. In Boxen werden die im Haupttext besprochenen Inhalte durch Beispiele verdeutlicht. Am Ende eines jeden Kapitels wird der Inhalt kurz zusammengefasst und spezielle Literatur angeführt. Die Literaturangaben verweisen zum einen auf verwendete Quellen. Zum anderen geben sie für Leserinnen und Leser, die das besprochene Thema weiter vertiefen wollen, Hinweise auf entsprechende Publikationen. Dabei handelt es sich zumeist um englischsprachige Originalveröffentlichungen. Bei Internetquellen ist das Datum des letzten Aufrufs angegeben. Gelöschte Internetlinks können häufig in Archiven wiedergefunden werden wie zum Beispiel https://archive.org/web/. Ein Glossar, das Erläuterungen zu wichtigen Begriffen enthält, und eine Auswahl von Lehrbüchern und weiterführender Literatur finden sich am Ende des Buches. Glossarbegriffe sind bei ihrem ersten Auftreten im Text in Kapitälchen gesetzt.

Dem Springer-Verlag und insbesondere Frau Eva Hestermann-Beyerle und Frau Birgit Kollmar-Thoni danke ich für die Anregung zu dieser Monographie und die kooperative und hervorragende verlegerische Betreuung. Herzlich bedanke ich mich bei Frau Dr.-Ing. Stefanie Demming und Frau Dr.-Ing. Monika Leester-Schädel für die kritische Lektüre des Manuskriptes und viele äußerst wertvolle Anmerkungen. Für verbleibende Fehler und Mängel bin natürlich ausschließlich ich selbst verantwortlich.

Braunschweig, im Mai 2016 Stephanus Büttgenbach

Inhaltsverzeichnis

1 Einleitung

Die Anforderungen an technische Produkte steigen stetig. Sie sollen bezüglich Funktionalität, Zuverlässigkeit und Energieeffizienz innovativ, wettbewerbsfähig und gleichzeitig kostengünstig sein. Dies ist nur möglich, wenn Mechanik, Elektronik und Informationstechnik interdisziplinär zusammenwirken. Für dieses Zusammenwirken hat sich seit den 1970er-Jahren ausgehend von Japan das Kunstwort Mechatronik (zusammengesetzt aus **Mecha**nik und Elek**tronik**) durchgesetzt. Eindrucksvolle Beispiele für die Leistungsfähigkeit der Mechatronik sind elektronische Stabilitätsprogramme in der Fahrzeugtechnik, Roboter in der Automatisierungstechnik, CD/DVD-Player und Digitalkameras im Konsumgüterbereich und Videoendoskope in der Medizintechnik.

Im Laufe des 20. Jahrhunderts wurden mechanische Komponenten in rein mechanischen Produkten zunehmend durch elektrische und elektronische Komponenten ersetzt. Ein Beispiel hierfür ist der manuelle Filmtransport mit einem Aufzugshebel in Analogkameras, der zunehmend von einem elektronisch gesteuerten Motorantrieb verdrängt wurde. Die Entwicklung der Mikrocomputertechnik seit den 1970er-Jahren erlaubte überdies, Funktionen von der Elektronik in die Software zu verlagern. In Box 1.1 ist am Beispiel vollmechanischer und elektronischer Uhren die Entwicklung von der Mechanik zur Mechatronik dargestellt.

Technik im Fokus, DOI 10.1007/978-3-662-49773-9_1

Box 1.1 Von der mechanischen Uhr zur Funkuhr

Eine Uhr besitzt vier wesentliche Teile, was auch in Abb. 1.1 dargestellt ist. Die Abbildung lehnt sich an eine ähnliche Darstellung der Entwicklung von der mechanischen zur digitalen Spiegelreflexkamera in der Arbeit von Jansen 2007 [1] an. Der Gangregler bildet mit seinen regelmäßigen Schwingungen die Grundlage der Zeitmessung. Aus dem Energiespeicher wird dem Gangregler Energie zugeführt. Damit werden die unvermeidlichen Reibungsverluste kompensiert. Die Übersetzung überträgt die Energie vom Energiespeicher zum Schwingungssystem. Die Zahl der Schwingungen wird schließlich analog oder digital angezeigt. Diese vier Funktionen sind in einer mechanischen Uhr durch Unruh und Feder oder durch Pendel und Gewicht, durch das Räderwerk und durch die Zeiger mit Zifferblatt realisiert. Die elektronische Uhr (Quarzuhr) nutzt einen Schwingquarz als Gangregler, wobei die schnellen Schwingungen des Quarzkristalls (32.768 pro Sekunde) mit Hilfe einer elektronischen Schaltung auf eine Schwingung pro Sekunde heruntertransformiert werden. Eine Batterie bildet den Energiespeicher, ein Schrittmotor dient als Übersetzung und die Anzeige erfolgt wie bei der mechanischen Uhr mit Zeigern und Zifferblatt. Bei einer digitalen Uhr mit Flüssigkristallanzeige (LCD, **L**iquid **C**rystal **D**isplay) entfallen Zeiger und Zifferblatt.

Eine Funkuhr empfängt das Signal eines Zeitzeichensenders, zum Beispiel des Langwellensenders DCF-77 in Mainflingen bei Frankfurt, der die gesetzliche Zeit für Deutschland sendet. Das Zeitsignal wird mit Hilfe eines Mikrocontrollers entschlüsselt und zur Anzeige verwendet. Außerhalb des Empfangsbereiches des Zeitzeichensenders oder bei gestörtem Signal läuft die Funkuhr weiter wie eine normale Quarzuhr. Eine Funkuhr mit analoger Anzeige basiert also auf mechanischen, elektronischen und informationstechnischen Funktionen. Durch den Ersatz mechanischer durch elektronische und informationstechnische Prinzipien ergeben sich deutlich verbesserte Eigenschaften, wie eine geringere Gangabweichung, kleinerer Bauraum, weitgehende Wartungsfreiheit, kein Nachstellen oder Umstellen von Sommer- auf Winterzeit (Funkuhr). Bei Quarz- und Funkuhren, die mit Solarzellen betrieben werden, entfällt der „lästige“ Austausch der Batterie. Ein Energiespeicher ermöglicht den Lauf und die Zeitanzeige auch bei Dunkelheit, wobei Dunkellaufzeiten von über einem Jahr Stand der Technik sind.

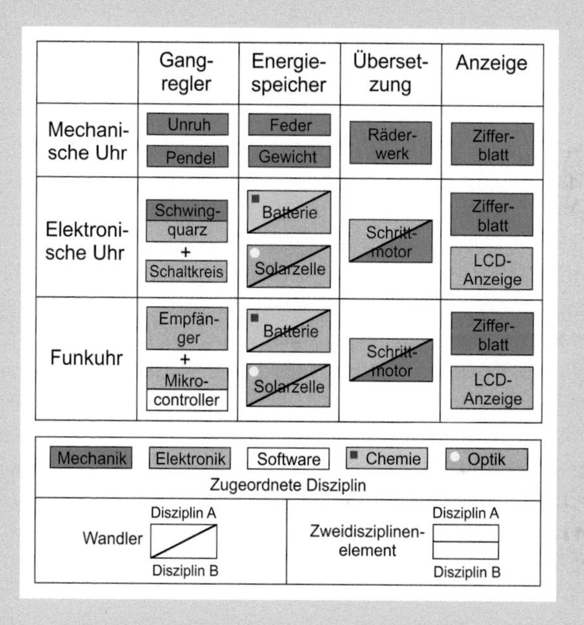

Abb. 1.1 Komponenten mechanischer und elektronischer Uhren

Bei der Entwicklung mechatronischer Systeme [2] wird zunächst die Gesamtfunktion des Systems in Teilfunktionen aufgegliedert. Die Teilfunktionen werden mit mechanischen, elektrischen und elektronischen sowie informationsverarbeitenden Bauelementen realisiert. Daneben werden auch Lösungsprinzipien anderer Disziplinen genutzt, zum Beispiel Linsen (Optik) und Filme (Chemie) im Fotoapparat. Werden auch die räumlichen Zusammenhänge zwischen den Komponenten berücksichtigt, so entstehen technische Systeme, in denen mechanische, elektrische und elektronische sowie informationstechnische Komponenten funktional und räumlich integriert sind. Durch diesen mechatronischen Ansatz ergeben sich verbesserte technische Produkteigenschaften, wie zum Beispiel geringerer Energiebedarf oder höhere Zuverlässigkeit. Außerdem erhöht sich die Wirtschaftlichkeit, weil der Aufwand bei der Fertigung und Montage und in der Nutzungsphase des Produkts reduziert wird.

Die erweiterte Funktionalität der Produkte führt jedoch häufig zu einem Bauraummangel. Diesem kann durch Miniaturisierung der Funktionselemente begegnet werden. Auch der Trend zur Steigerung der Portabilität von Geräten setzt die Möglichkeiten der Miniaturisierung voraus. Dies führt zur Mikro-Mechatronik, die MIKROTECHNOLOGIEN nutzt, um mechatronische Systeme oder Teilsysteme zu miniaturisieren.

Umgekehrt wurde die Mechatronik entscheidend durch die Entwicklung der MIKROELEKTRONIK beeinflusst, die mit hochintegrierten Schaltkreisen (IC, **I**ntegrated **C**ircuit) Elemente für regelungstechnische und informationsverarbeitende Funktionen in mechatronischen Systemen zur Verfügung stellt. In der Folge wurden die Fertigungstechnologien der Mikroelektronik genutzt, um mikromechanische, mikroelektronische, mikrooptische, mikrofluidische und gegebenenfalls auch chemische Funktionen auf engstem Raum zu integrieren. Diese funktionelle Erweiterung mikroelektronischer Systeme führt gleichfalls zu mikro-mechatronischen Systemen. Äquivalente Begriffe sind: Mikrosysteme/Micro Systems (Europa), Micromachines (Japan) und MEMS (**M**icro **E**lectro **M**echanical **S**ystems) (USA).

Mikrosysteme haben je nach Anwendung Abmessungen von bis zu einigen 10 mm. Dabei besitzen typische funktionsbestimmende Komponenten Strukturgrößen im Bereich von einigen 10 nm ($1\,nm = 10^{-9}\,m$) bis zu einigen 100 µm ($1\,\mu m = 10^{-6}\,m$). Sie bestehen im Allgemeinen aus mehreren miniaturisierten Funktionselementen, wie Sensoren zur Messung physikalischer oder chemischer Größen, AKTOREN zur Wandlung von elektrischer, thermischer oder chemischer Energie in mechanische Arbeit und signal- und informationsverarbeitenden Komponenten.

Produkte der Mikrosystemtechnik werden heute erfolgreich in vielen Anwendungsfeldern, zum Beispiel in der Fahrzeugtechnik, der Biomedizintechnik, der Kommunikationstechnik, der Luft- und Raumfahrttechnik, im Maschinen- und Anlagenbau und im Konsumgüterbereich, eingesetzt. Dabei werden nicht nur konventionelle Produkte durch mikrosystemtechnische ersetzt, sondern es entstehen auch völlig neue Anwendungen und Märkte:

- In Kraftfahrzeugen bilden Beschleunigungs- und Drehratensensoren die Basis für Airbags und elektronische Stabilitätsprogramme. Mikrodrucksensoren (Kap. 3) überwachen den Reifendruck.
- In der Fernbedienung von Spielkonsolen und in Smartphones registrieren mikrotechnische Beschleunigungs- und Drehratensensoren Bewegungen und Rotationen. Dadurch wird das Bedienen von Knöpfen oder Joysticks bei der Spielesteuerung ersetzt. In Smartphones wird das Display automatisch an die jeweilige Orientierung (Hoch- oder Querformat) angepasst. Die Drehraten- und Beschleunigungssensoren (Kap. 4 und 6) basieren auf der Massenträgheit und werden daher auch als TRÄGHEITSSENSOREN (Inertialsensoren) bezeichnet. Die Kombination mehrerer solcher Sensoren in einer Messeinheit („Combo"-Sensoren) erlaubt die Erfassung mehrachsiger Bewegungen wie beispielsweise bei der Bewegungskontrolle von Roboterarmen. Ergänzt werden diese Sensor-Kombinationen häufig durch miniaturisierte Magnetfeldsensoren, die das Erdmagnetfeld zur Bestimmung der Himmelsrichtung nutzen (digitale Kompasse).
- In Druckköpfen für Tintenstrahldrucker sind Mikroprozessoren mit Mikrokanälen auf einem CHIP integriert. Über Mikrokanäle wird mehreren Hundert Düsen (Kap. 4) mit einem Durchmesser unter 30 µm die Tinte zugeführt.
- In Videoprojektoren werden Mikrospiegel in matrixförmiger Anordnung (Arrays) genutzt (Kap. 6). Für jeden der beispielsweise 1024 × 768 Bildpunkte reflektiert ein elektrisch steuerbarer Mikrospiegel mit einer Kantenlänge von etwa 15 µm den einfallenden Lichtstrahl. Die Vorteile dieser Projektionstechnik sind sehr hohe Geschwindigkeit und hoher Kontrast.
- In Hörgeräten, Mobiltelefonen und Tablet-Computern wandeln MEMS-Mikrofone (Kap. 6) Schallschwingungen mit Hilfe einer mikrotechnisch hergestellten Membran in elektrische Signale um. Ein IC konvertiert diese analogen Signale anschließend in digitale Signale.

In allen diesen Beispielen sind die Mikrosysteme zentral für die Funktion des Produktes. Von ausschlaggebender wirtschaftlicher Bedeutung ist, dass die Mikrosysteme ein Vielfaches ihres eigenen Wertes an Wertschöpfung ermöglichen: Mikrokomponenten, wie Sensoren und Aktoren, sind Bestandteile von Baugruppen, die wiederum in Maschinen, Geräten und Apparaten eingesetzt werden und deren Leistungsfähigkeit erhöhen.

Mark Weiser legt in seinem 1991 erschienenen grundlegenden Aufsatz *The computer for the 21st century* [3] dar, dass die profundesten Technologien diejenigen sind, die Teil der alltäglichen Umwelt werden und den Menschen unauffällig unterstützen. Die Mikrosystemtechnik steht am Beginn einer solchen Entwicklung. Erste Beispiele sind Automobile und Smartphones. Fahrerassistenzsysteme unterstützen den Fahrer in schwierigen Fahrsituationen. Grundlage vieler Assistenzsysteme sind mikrosystemtechnische Komponenten, zum Beispiel Mikrosensoren. Auch in Smartphones werden zunehmend kaum wahrgenommene mikrosystemtechnische Bauelemente eingesetzt (Box 1.2).

Box 1.2 Mikrosysteme in Smartphones

Mikrosysteme sind bereits heute wichtige Komponenten von Smartphones und bieten dem Nutzer viele zusätzliche Funktionen [4]. Marktanalysten sagen voraus, dass in naher Zukunft bis zu 30 MEMS-Komponenten in ein Smartphone integriert werden (Abb. 1.2):

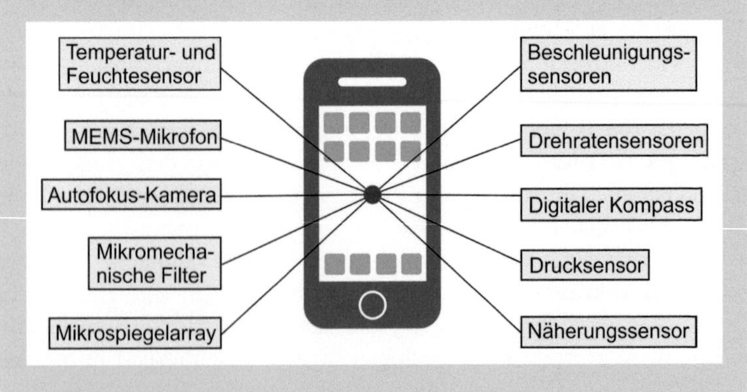

Abb. 1.2 Mikrosystem-Komponenten im Smartphone

- Bekanntestes Beispiel sind Beschleunigungs- und Drehratensensoren, die räumliche Bewegungen des Gerätes erkennen. Sie sorgen für die Anpassung des Displays an die jeweilige Orientierung (Hoch- oder Querformat), dienen als Schrittzähler und können für Spiele mit Steuerung durch Bewegungssensoren genutzt werden.
- Digitale Kompasse auf Basis von Magnetfeldsensoren unterstützen die Navigation mit dem Smartphone.
- Drucksensoren messen den Luftdruck und können so die Höhe über dem Meeresspiegel bestimmen.
- Näherungssensoren sperren den Bildschirm beim Telefonieren mit dem Smartphone am Ohr. So werden ungewollte Aktionen durch Berührung des Touchscreens mit dem Ohr verhindert.
- Temperatur- und Feuchtigkeitssensoren stellen eine mobile Wetterstation dar.
- MEMS-Mikrofone dienen der Spracheingabe.
- Miniaturisierte Autofokus-Kameras nutzen Mikroaktoren zur schnellen Linsenbewegung.
- Mikromechanische Filter sind wichtige Komponenten im Hochfrequenzteil des Smartphones. Sie verbessern das Senden und den Empfang der Signale.
- Mikrospiegelarrays sind Schlüsselkomponenten für Videoprojektion.

Eine Marktstudie [4] schätzt den Weltmarkt für Mikrosysteme im Jahr 2017 auf 21 Mrd. US-Dollar. In Abb. 1.3 ist der erwartete Markt nach Produkten aufgeschlüsselt. Neben den bereits auf dem Markt befindlichen mikrosystemtechnischen Produkten gibt es eine Reihe neuer Produkte, die an der Schwelle zum Markteintritt stehen. Dazu zählen Mikrosysteme zur Energiegewinnung aus der Umgebung (Energy Harvesting) (Kap. 12), die beispielsweise in Herzschrittmachern oder Hörimplantaten Anwendung finden können, Mikrobrennstoffzellen (Kap. 12), die zukünftig zur Energieversorgung mobiler Endgeräte wie Smartphones oder Digitalkameras eingesetzt werden können, oder LAB-ON-A-CHIP-(LOC-)Systeme (Kap. 9). Dies sind mikrofluidische Syste-

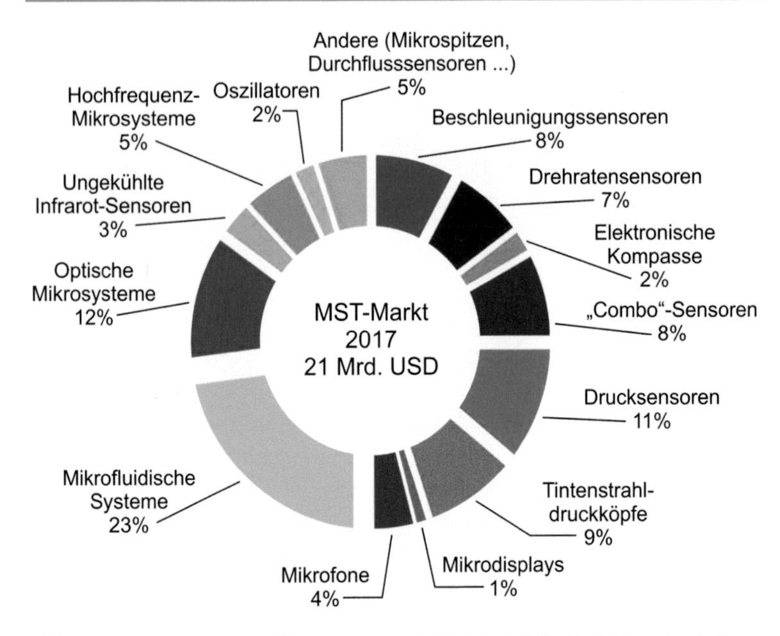

Abb. 1.3 Prognostizierter Mikrosystemtechnik-Markt 2017. (Nach Mounier [4])

me, in denen komplexe chemische, biochemische und biotechnologische Prozesse ablaufen, sogenannte Westentaschenlabore. LOC-Systeme können zukünftig zur schnellen und dezentralen Diagnostik von Krankheiten eingesetzt werden. Weitere Beispiele sind BIOSENSOREN für diagnostische Anwendungen und Mikrolautsprecher für mobile Endgeräte wie Smartphones und Tablets.

Zur Herstellung mikrosystemtechnischer Produkte nutzt die **M**ikro**s**ystem**t**echnik (MST) vorzugsweise den Technologievorrat der Mikroelektronik, erweitert aber deren Material- und Technologiespektrum. Bei den vorwiegend physikalisch-chemischen Fertigungstechnologien der Mikroelektronik handelt es sich um sogenannte maskengebundene Verfahren. Dabei werden die Mikrostrukturen optisch mittels einer Maskenprojektion auf das Werkstück übertragen (Fotolithografie). Die MASKE enthält entsprechend der zu übertragenden Struktur absorbierende und durchlässige Bereiche. Kennzeichnend für die Technologien der Mikroelektronik ist auch die gleichzeitige Fertigung vieler Bauelemente innerhalb eines Prozessablaufs (BATCH-FERTIGUNG). Weiterentwicklungen, die im Gegensatz zu den quasizweidimensionalen Strukturierungsverfahren der Mikroelektronik auch die Herstellung dreidimensionaler und frei beweglicher Mikrostrukturen gestatten, ergänzen die aus der Mikroelektronik übernommenen Verfahren. Beispiele sind Tiefenlithografie, Tiefenätztechniken und WAFERBONDEN (Kap. 4, 5, 6 und 7). WAFER sind meist kreisförmige, einige 100 µm dünne Scheiben aus dem Ausgangsmaterial für die Fertigung der Bauelemente. Eine Alternative zu den maskengebundenen Verfahren stellen direkte Strukturierungsmethoden dar, die durch Weiterentwicklung von Verfahren der Feinstbearbeitung entstehen. Hierzu zählen unter anderem Mikrofunkenerosion und Laserstrahlverfahren (Kap. 10).

Der Begriff Mikrosystemtechnik bringt deutlich zum Ausdruck, dass neben den Mikrotechniken auch Systemtechniken eine wichtige Rolle spielen. Dazu gehören Entwurfs-, Test- und Simulationsverfahren, Verfahren der Signalverarbeitung und die Aufbau- und Verbindungstechnik zur Konfektionierung und Systemintegration von mikrotechnischen Komponenten. Letzterer kommt besondere Bedeutung zu, weil hier ein Großteil der Herstellkosten eines Mikrosystems entsteht. Da bei Mikrosystemen der Kontakt zur Umgebung neben elektrischen häufig auch mechanische, optische und fluidische Schnittstellen erfordert, können Verfahren der Mikroelektronik nur teilweise übernommen werden. Stattdessen müssen neue Verfahren entwickelt werden.

Um das Fachgebiet Mikrosystemtechnik zu strukturieren, bieten sich zwei Zugänge an, eine technologieorientierte Systematik und eine funktionsorientierte Systematik, die komplementär das Gebiet beschreiben (Abb. 1.4).

Die Entwicklung der Mikrosystemtechnik ist weltweit in Universitäten, Industriefirmen und Forschungseinrichtungen unter Beteiligung vieler Personen vorangetrieben worden. Im den folgenden Kapiteln soll diese Schlüsseltechnologie, deren Wurzeln bis weit ins 20. Jahrhundert zurückreichen, anhand von zehn Meilensteinen vorgestellt werden.

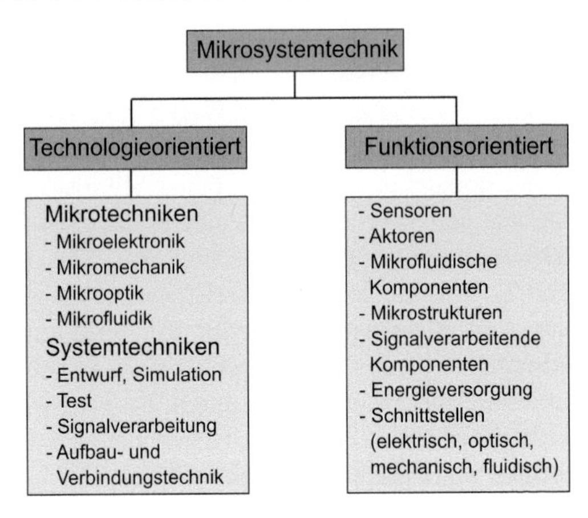

Abb. 1.4 Struktur des Fachgebietes Mikrosystemtechnik

Zusammenfassung

Die meisten innovativen technischen Produkte beruhen auf dem Zusammenwirken von klassischer Mechanik, Elektronik und Informationstechnik. Dies kommt in dem Begriff Mechatronik zum Ausdruck. Zusätzliches Innovationspotential entsteht durch den Einsatz von Mikrotechniken. Mikrosysteme, das sind mikro-mechatronische Systeme, in denen mechanische, elektronische, optische und fluidische Funktionen auf engstem Raum integriert sind, werden bereits heute erfolgreich in vielen Anwendungsgebieten eingesetzt. Eine Marktstudie schätzt den Weltmarkt im Jahr 2017 auf 21 Mrd. US-Dollar.

Fertigungstechnische Basis der Mikrosystemtechnik sind die Verfahren der Mikroelektronik. Diese müssen jedoch weiterentwickelt werden, um die im Allgemeinen dreidimensionalen und frei beweglichen mechanischen, optischen und fluidischen Strukturen fertigen zu können. Auch aus der Feinstbearbeitung abgeleitete direkte Strukturierungsmethoden werden genutzt. Neben den Mikrotechniken spielen Systemtechniken eine wichtige Rolle.

Literatur

1. S. Jansen, *Eine Methodik zur modellbasierten Partitionierung mechatronischer Systeme* (Shaker Verlag, Aachen, 2007)
2. K. Janschek, *Systementwurf mechatronischer Systeme* (Springer, Heidelberg, 2010)
3. M. Weiser, The computer for the 21st century. Scientific American **265**(3), 94–104 (1991)
4. E. Mounier, *MEMS markets & applications*, 2nd Workshop on Design, Control and Software Implementation for Distributed MEMS, Besançon, Frankreich, 02.–03.04.2012. http://dmems.univ-fcomte.fr/presentations/mounier.pdf, Zugegriffen: 27. Mai 2016

Transistoren und Siliziumtechnologie 2

Die Entwicklung der Mikroelektronik
Miniaturisierung ist einer der bemerkenswertesten Trends in der Technik. Ziel ist es, kleinere, leichtere und einfacher zu handhabende Geräte zu entwickeln. Zu ihrer Herstellung wird weniger Material benötigt, wodurch die Produktionskosten gesenkt werden können. Außerdem verbrauchen sie weniger Energie. Daher trägt die Miniaturisierung wesentlich zu einem nachhaltigen Verbrauch von Rohstoffen und Energie bei. Georg Christoph Lichtenberg, Aphoristiker und seit 1770 Professor der Physik in Göttingen, schrieb: „Ich habe immer gesagt, die Mechaniker gedeihen am besten, wenn man sie auf junge Stämme von Uhrmachern pfropft“ [1]. Die Miniaturisierung in der Mechanik erfolgte tatsächlich zunächst auf dem von Uhrmachern gewiesenen Weg der Feinmechanik. Ein Beispiel für den hohen Stand dieser Technik, die bis heute nichts von ihrer Faszination verloren hat, ist die Miniaturisierung von Zeitmessgeräten. Auch die seit Beginn des 20. Jahrhunderts zur Verarbeitung elektrischer Signale benutzten Elektronenröhren waren Meisterwerke der Feinmechanik. Filigrane Drahtgitter und Blechblenden steuern den Elektronenstrom zwischen Kathode und Anode.

Die Geburtsstunde eines neuen Paradigmas der Miniaturisierung in der Technik war die Erfindung des Transistors. William Shockley, John Bardeen und Walter Brattain entwickelten 1947 in den Bell-Laboratorien den ersten Transistor [2]. Damit zeigten sie, dass mit dotierten Halbleitermaterialien Bauelemente zur Verstärkung, Steuerung und Modu-

Technik im Fokus, DOI 10.1007/978-3-662-49773-9_2

lation elektrischer Spannungen und Ströme hergestellt werden können. DOTIEREN bedeutet die gezielte Beeinflussung der Leitfähigkeit von reinen Halbleitern durch Einbringen von Fremdatomen.

Die ersten kommerziellen Transistoren waren etwa 1 cm groß, was gegenüber den Elektronenröhren eine deutliche Größenreduzierung war. Die Transistoren ließen sich zwar zunächst noch weiter verkleinern, der Miniaturisierung elektronischer Schaltungen waren aber Grenzen gesetzt, dadurch dass die Transistoren untereinander und mit anderen Bauelementen verdrahtet werden mussten. Der endgültige Schritt zur Mikroelektronik war der Übergang zu komplexen integrierten Schaltkreisen, bei denen Transistoren und weitere Bauelemente inklusive ihrer Verdrahtung auf einem Halbleiterstückchen (Chip) mit Abmessungen von einigen Millimetern Kantenlänge und einigen 100 µm Dicke nebeneinander hergestellt werden. Ende der 1950er-Jahre wurde diese Idee erstmals unabhängig voneinander von Jack Kilby [3] und Robert Noyce [4] verwirklicht.

Qualität und Reinheit der verwendeten Halbleiter-Kristalle sind von entscheidender Bedeutung für die Funktion von Transistoren. Germanium-Kristalle hatten in der Anfangsphase der Mikroelektronik den Vorteil der einfachen Herstellung. Die ersten Transistoren und auch der erste von Jack Kilby entwickelte IC nutzten daher das Halbleitermaterial Germanium. Robert Noyce verwendete Silizium als SUBSTRAT, das ab Mitte der 1960er-Jahre das dominierende Halbleitermaterial wurde. Die wichtigsten Vorteile von Silizium gegenüber Germanium sind seine hohe Verfügbarkeit und die hervorragenden elektrischen und chemischen Eigenschaften von Siliziumdioxid (SiO_2), das zur Isolation und Dotierungsmaskierung genutzt wird und mittels thermischer Oxidation auf einfache Weise hergestellt werden kann.

Der erste kommerzielle IC wurde 1961 in SILIZIUM-PLANARTECHNOLOGIE gefertigt. Er bestand aus vier Transistoren und fünf Widerständen [5]. Die Komplexität der ICs wuchs rasch. Der erste Mikroprozessor kam 1971 auf den Markt (Intel 4004). Der Chip umfasste 2300 Transistoren, die Strukturgröße betrug 10 µm. Heute befinden sich einige Milliarden Transistoren auf einem Chip mit Strukturgrößen im Nanometer-Bereich. Die Erfolgsgeschichte der Mikroelektronik wird sehr gut beschrieben durch das MOORESCHE GESETZ. Gordon Moore sagte bereits 1965 eine regelmäßige Verdopplung der Integrationsdichte, das heißt der

Anzahl der Transistoren pro Chipfläche, voraus [6]. Diese Entwicklung wurde insbesondere durch immer fortgeschrittenere Lithografiesysteme ermöglicht [7].

Grundlage für die Herstellung komplexer mikroelektronischer Schaltungen ist die erstmals von Noyce benutzte Silizium-Planartechnologie [8]. Die Fertigung erfolgt in drei Phasen: In der ersten Phase werden Scheiben aus einkristallinem Silizium (Wafer) gefertigt. Diese dienen als Ausgangsmaterial für die zweite Phase, die sogenannte Front-End-Fertigung. Auf dem Wafer werden die elektronischen Bauelemente (zum Beispiel Transistoren) hergestellt. Dazu werden bestimmte oberflächennahe Gebiete dotiert und komplexe Folgen dünner Schichten aus unterschiedlichen Materialien auf der Waferoberfläche abgeschieden (zum Beispiel Passivierungs- und Metallisierungsschichten) und mittels Lithografie und Ätzprozessen strukturiert. Zur Isolation zwischen einzelnen Bauelementen eines IC wird im Allgemeinen die Grabenisolation (STI, **S**hallow **T**rench **I**solation) genutzt. Dazu werden Grabenbereiche in das Silizium-Substrat geätzt, die anschließend mit Siliziumdioxid aufgefüllt werden.

Abb. 2.1 zeigt beispielhaft einen planaren PMOS-Transistor in einer integrierten Schaltung. Der zwischen den Bereichen Source und Drain durch den leitenden Halbleiterkanal fließende Strom wird durch ein elektrisches Feld zwischen der Gate-Elektrode und dem Kanal gesteuert. PMOS steht für **p**-Channel **M**etal-**O**xide-**S**emiconductor (p-Kanal-Metall-Oxid-Halbleiter). Das bedeutet, dass die isolierende Schicht zwischen der Gate-Elektrode und dem Halbleiter aus Siliziumdioxid besteht und der Halbleiterkanal p-leitend (siehe unten) ist.

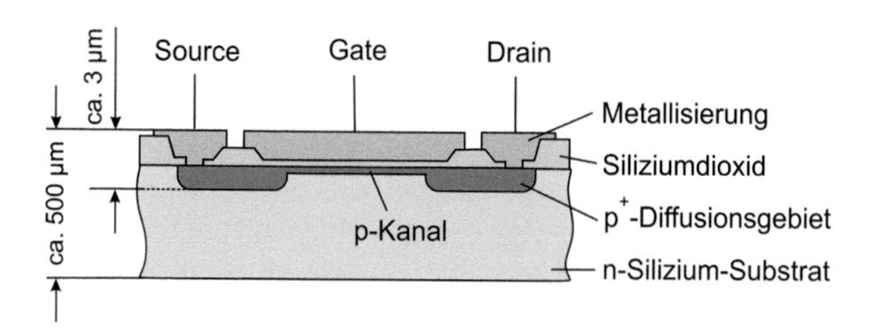

Abb. 2.1 Schnittdarstellung eines PMOS-Transistors in einer integrierten Schaltung. (Nach Sautter und Weinerth [9])

Die Fertigung der ICs erfolgt im Batch-Prozess, bei dem viele Wafer gleichzeitig prozessiert werden. Auf den Wafern werden wiederum viele identische Schaltkreise nebeneinander erzeugt. In Folge zunehmend größerer Wafer (heute bis zu 450 mm Durchmesser, Dicke 775 µm) und abnehmender Strukturgrößen (heute 14 nm) konnten die Fertigungskosten für den einzelnen Chip deutlich gesenkt werden, obwohl die Kosten für die Produktionsinfrastruktur stark gewachsen sind. Prognosen für die zukünftigen Fertigungsgrößen eines Mikrochips werden jährlich von der International Roadmap for Semiconductors veröffentlicht [10]. In der dritten Phase (Back-End-Fertigung) werden die Wafer in einzelne Chips zersägt und in ein Gehäuse eingebaut.

Grundlegende Prozessschritte der Siliziumtechnologie
Die Prozesse der Silizium-Planartechnologie bilden auch die Grundlage für die Fertigung von mikrosystemtechnischen Bauelementen. Da in der Mikrosystemtechnik nicht nur planare, sondern auch dreidimensionale Strukturen wichtig sind, wird hier der allgemeinere Begriff Siliziumtechnologie benutzt. Die grundlegenden aus der Mikroelektronik entlehnten Prozessschritte zur Herstellung von Silizium-Mikrostrukturen werden in den Abb. 2.2, 2.3 und 2.4 erläutert. Für eine umfassende Darstellung der Prozesse sei auf die im Anhang aufgeführte Literatur verwiesen.

Abb. 2.2 zeigt schematisch den grundsätzlichen Fertigungsablauf. Er besteht, ausgehend von einem gereinigten Silizium-Substrat (a), aus einer Vielzahl von Zyklen. Im letzten Schritt (k) werden die Mikrostrukturen mit Hilfe einer Wafersäge vereinzelt. Mikrotechnische Prozessfolgen werden üblicherweise in – nicht maßstabsgetreuen – Querschnittsansichten graphisch dargestellt. In Abb. 2.2 ist der Zyklus zur abtragenden Strukturierung des Silizium-Substrats mittels ÄTZEN dargestellt.

Zunächst wird in einem additiven Prozessschritt eine Schicht auf dem gereinigten Substrat abgeschieden (b), die später als MASKIERSCHICHT für den Ätzprozess dient. Im Allgemeinen wird das Substrat nur in bestimmten Bereichen strukturiert. Diese werden mit Hilfe eines Fotolithografieprozesses definiert. Als Erstes wird dazu eine lichtempfindliche Schicht, das Fotoresist, aufgebracht (c). Danach wird dieses mit ultraviolettem Licht über eine Fotomaske, die die zu übertragende Struktur bestimmt, belichtet (d). Bei einem sogenannten Positivresist werden die belichteten Bereiche in der Entwicklerlösung entfernt, und die nicht-

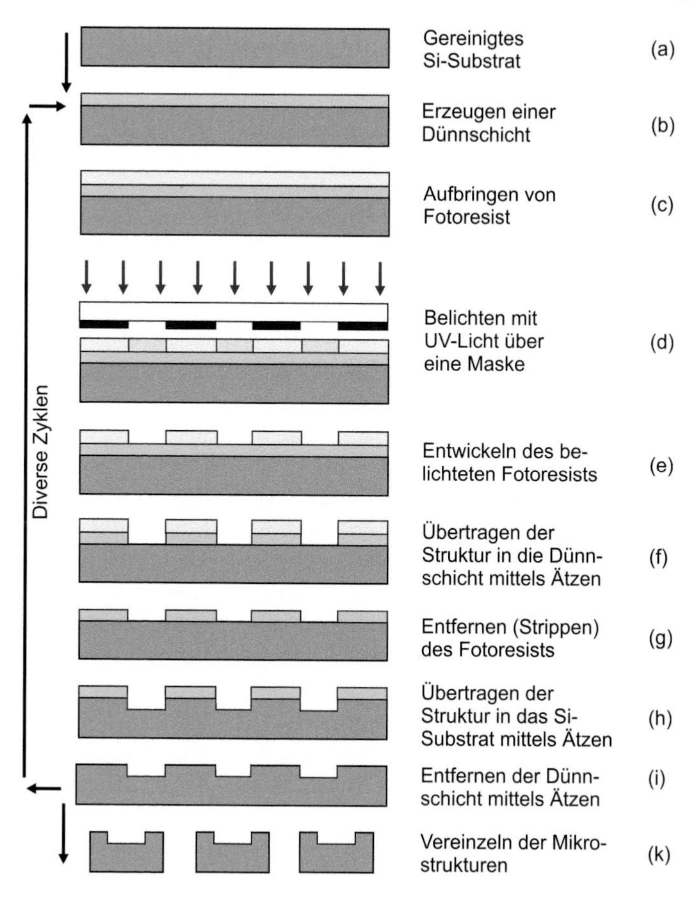

Abb. 2.2 Grundsätzlicher Fertigungsablauf: Strukturierung einer abgeschiedenen Schicht; Ätzen des Silizium-Substrats

belichteten Bereiche bilden eine Maskierung auf dem Substrat (e). Bei einem Negativresist ist dieser Vorgang umgekehrt: Die belichteten Bereiche bilden die Maskierung, die nicht belichteten Bereiche werden in der Entwicklerlösung herausgelöst. Im nächsten Prozessschritt wird die in Schritt (b) erzeugte Schicht mittels Ätzen strukturiert (f). Danach wird das restliche Fotoresist durch ein Lösungsmittel entfernt (g). Zum Ätzen

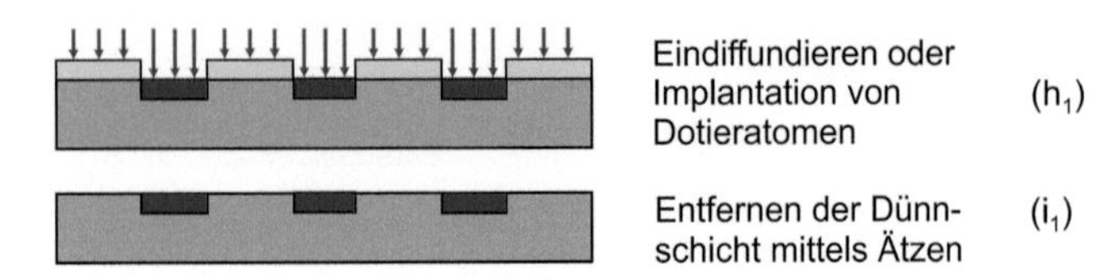

Abb. 2.3 Grundsätzlicher Fertigungsablauf: Dotieren

des Silizium-Substrats wird in den durch die strukturierte Schicht nicht geschützten Bereichen Material mittels eines Ätzmediums vom Substrat entfernt (h). Im letzten Schritt wird die Maskierschicht entfernt (i). Danach folgt der nächste Zyklus. Die Strukturierung einer abgeschiedenen Schicht durch Ätzen folgt dem dargestellten Zyklus, wobei die Schritte (h) und (i) entfallen.

Neben dem in Abb. 2.2 dargestellten Zyklus zum Ätzen einer abgeschiedenen Schicht und des Substrates existieren weitere Zyklen. Um bestimmte Bereiche des Substrates zu dotieren, werden die Schritte (h) und (i) ersetzt durch die Schritte (h_1) und (i_1) aus Abb. 2.3. Fremdatome werden mittels Diffusion oder Ionenimplantation in oberflächennahe Schichten des Substrates eingebracht. Danach wird die Maskierschicht entfernt.

Zur Erzeugung einer strukturierten Schicht existiert ein alternativer Prozess (Abb. 2.4). Auf dem strukturierten Fotoresist (e) wird ganzflächig eine Schicht abgeschieden. Anschließend wird die Schicht mit dem strukturierten Resist abgehoben (lift-off). Die Schritte (f) bis (i) aus Abb. 2.2 werden ersetzt durch die Schritte (f_2) und (g_2) aus Abb. 2.4.

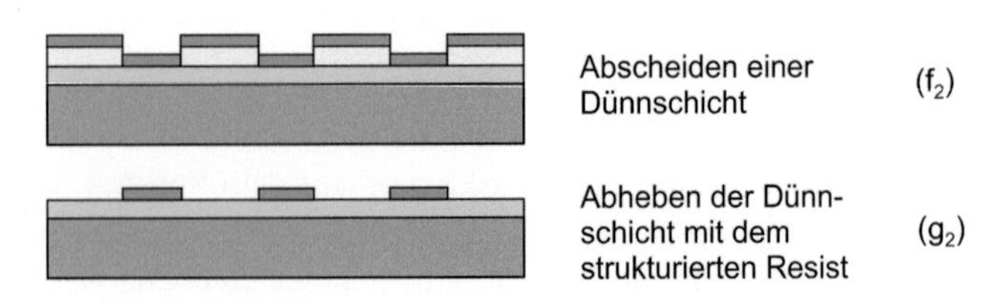

Abb. 2.4 Grundsätzlicher Fertigungsablauf: Lift-off-Prozess

Herstellung von Silizium-Wafern

Die Herstellung von Silizium-Wafern erfolgt in mehreren Schritten (Abb. 2.5). Aus dem Rohmaterial (SiO_2), zum Beispiel Quarzsand, wird durch Reduktion (Entzug von Sauerstoff) mit kohlenstoffhaltigen Materialien Rohsilizium hergestellt. Dies erfolgt in einem Lichtbogenofen bei hohen Temperaturen. Rohsilizium besitzt eine Reinheit von etwa 98 %. Nach dem mechanischen Mahlen wird das Rohsilizium in einer Reaktion mit Chlorwasserstoff in Trichlorsilan ($SiHCl_3$, Siedepunkt 32 °C) übergeführt und anschließend chemisch gereinigt. Dazu werden die unterschiedlichen Siedetemperaturen von $SiHCl_3$ und den Chlorverbindungen der Verunreinigungen ausgenutzt (fraktionierte Destillation). Durch Reaktion mit Wasserstoff wird aus dem gereinigten $SiHCl_3$ hochreines POLYKRISTALLINES Silizium (Reinheit >99,99 %) gewonnen. Dabei wird auf dünnen Stäben aus Reinstsilizium polykristallines Silizium abgeschieden. Ein polykristallines Material besteht aus vielen kleinen EINKRISTALLEN, die durch Korngrenzen voneinander getrennt sind. Die entstehenden Polysilizium-Stäbe dienen als Ausgangsmaterial zur Herstellung von einkristallinem Silizium. Die beiden wichtigsten Verfahren dafür sind das Tiegelziehverfahren nach Czochralsky (CZ-Verfahren) und das tiegelfreie Zonenziehverfahren (FZ-Verfahren, **F**loat-**Z**one-Verfahren).

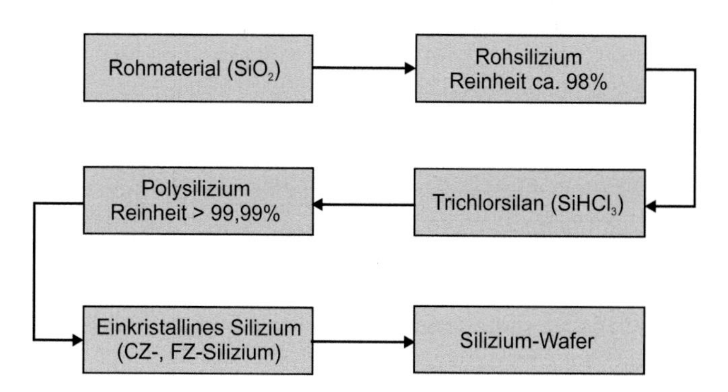

Abb. 2.5 Herstellungsprozess von Silizium-Wafern

Beim CZ-Verfahren wird das hochreine polykristalline Silizium in einem Graphittiegel geschmolzen. In die Schmelze taucht ein so genannter Impfkristall – das ist ein Einkristall der gewünschten Kristallrichtung – ein. Der Impfkristall wird unter langsamer Rotation aus der Schmelze gezogen. Dabei erstarrt das geschmolzene Silizium als einkristalliner Stab. Eine Grunddotierung erfolgt durch Zugabe von Dotierstoffen in die Schmelze. Extrem reines einkristallines Silizium wird mit dem FZ-Verfahren gewonnen. Hierbei wird ein polykristalliner Siliziumstab über einem Impfkristall eingespannt und durch induktive Erwärmung abschnittsweise geschmolzen. Die Schmelzzone wird von dem Ende, an dem sich der Impfkristall befindet, kontinuierlich über die Stablänge hinweg bewegt. Hinter der Schmelzzone bildet sich der Einkristall. Fremdatome verbleiben weitgehend in der Schmelzzone und lagern sich schließlich am Ende des Stabes an. Dadurch wird der gesamte Stab gereinigt. Eine Grunddotierung erfolgt durch Zugabe von Dotiergasen.

Nach dem Abschleifen des einkristallinen Siliziumstabes auf den gewünschten Durchmesser wird dieser mittels Sägen in einzelne Scheiben aufgeteilt. Abschließend werden durch Läppen und Polieren die Wafer hergestellt, die das Ausgangsmaterial für die Fertigung von ICs und Silizium-Mikrosystemen bilden.

Reinraumtechnik

Die Herstellung von ICs und mikrosystemtechnischen Bauelementen ist ein komplexer technischer Prozess. Die Ausbeute, das ist das Verhältnis der Zahl der fehlerfreien Bauelemente zur Gesamtzahl von Bauelementen auf einem Wafer, hängt von der Reinheit der Fertigungsumgebung und der Prozessmedien (Wasser, Chemikalien, Gase) ab. Erfahrungsgemäß können schon Partikel, die größer als ein Zehntel der minimalen Strukturabmessungen sind, zu einem Ausfall von Bauelementen führen. Reinraumpersonal, Raumluft, Prozessmedien, Anlagen und Prozesse sind mögliche Partikelquellen. Die Mikrofertigung erfolgt deshalb in Reinräumen, das sind Bereiche mit kontrollierter Sauberkeit, kontrollierten Umgebungsbedingungen und kontrolliertem Zugang.

Reinraumtechnik schafft die notwendige Fertigungsumgebung durch folgende Maßnahmen:

- Der Partikelgehalt der Raumluft wird durch Zufuhr gefilterter Luft reduziert.
- Im Fertigungsbereich wird die Konzentration luftgetragener Partikel so gering wie nötig gehalten.
- Partikelemissionen aus unterschiedlichen Quellen werden kontrolliert und reduziert.
- Der Reinraum wird von der „schmutzigen" Umwelt durch Schleusensysteme isoliert.
- Bei allen in den Reinraum hineinfließenden Materialien und Medien findet eine Partikelkontrolle statt.

Das Reinraumpersonal verursacht die mit Abstand größte Partikelkontamination der Raumluft. Daher sind besondere Schutzkleidung (Handschuhe, Mund- und Gesichtsschutz, Hauben, Overalls, Überschuhe) und reinraumgerechte Verhaltensweisen (zum Beispiel kurze Wege und Vermeidung von schnellen Bewegungen) unerlässlich.

Zur Klassifizierung von Reinräumen in der Siliziumtechnologie hinsichtlich der Kontamination und der Größe der Partikel im luftgetragenen Zustand wird häufig der US Federal Standard 209E verwendet. Die Reinraumklassen geben an, wie viele Partikel einer bestimmten Größe in einem bestimmten Luftvolumen vorhanden sein dürfen. Reinraumklasse 100 bedeutet zum Beispiel, dass in einem Kubikfuß Luft ($1\,\text{ft}^3 = 28{,}3\,\text{L}$) maximal 100 Partikel mit einem Durchmesser $\geq 0{,}5\,\mu\text{m}$ vorhanden sein dürfen. Der Federal Standard 209E wurde 2001 von der Norm EN ISO 14644 (Bezugsvolumen $1\,\text{m}^3$) abgelöst.

Prinzipiell teilt man den Reinraum ein in Weißbereiche (kritische Reinraumbereiche der Fertigung mit höchster Reinheit) und Graubereiche (Ver- und Entsorgung, „schmutzige" Geräte, geringere Reinheit). Bezüglich der Luftführung im Reinraum wird zwischen Bereichen mit turbulenzarmer Verdrängungsströmung (Laminar Flow) und Bereichen mit turbulenter Mischlüftung unterschieden. In Reinraumbereichen mit turbulenter Mischlüftung wird gefilterte Luft zugeführt. Die Raumluft wird mit der zugeführten Luft vermischt. Durch diesen Verdünnungseffekt wird die Partikelkonzentration verringert. In Bereichen mit turbulenzarmer Verdrängungsströmung strömt die reine Luft aus Deckenauslässen mit einer hohen Strömungsgeschwindigkeit (etwa $0{,}45\,\text{m/s}$) vertikal in den Reinraum. Durch den turbulenzarmen Luft-

Tab. 2.1 Beispiel für die Konditionierung von Reinräumen der Mikrosystemtechnik

Temperatur	22 °C ± 1 °C
Relative Luftfeuchte	45 % ± 5 %
Reinraumklasse	10–100 (Weißbereich) 1000–10.000 (Graubereich)
Strömungsgeschwindigkeit der Luft („Laminar-Flow“)	0,45 m/s ± 0,1 m/s
Luftdruck	> 15 Pa, zur Verminderung des Eindringens partikelbehafteter Luft von außen
Beleuchtungsstärke	> 1000 lx (zum Vergleich: Büroarbeitsplatz etwa 500 lx)
Gebäudeschwingungen (Amplituden)	< 0,1 µm bei 2–10 Hz

strom werden Partikel von oben nach unten transportiert, so dass die sensiblen Arbeitsbereiche möglichst gering kontaminiert werden. Dabei ist es allerdings wichtig, dass die Reinraumarbeitsplätze so gestaltet sind, dass sie die Luftströmung möglichst wenig beeinflussen. Turbulenzarme Verdrängungsströmung wird in der Regel in stark partikelempfindlichen Arbeitsbereichen (Reinraumklasse $\leq$ 100) eingesetzt, turbulente Mischlüftung in weniger partikelempfindlichen Bereichen (Reinraumklasse $\geq$ 1000). In Tab. 2.1 sind beispielhaft einige Richtwerte für die Konditionierung von Reinräumen zur Entwicklung und Fertigung von Mikrosystemen aufgeführt.

Für die Fertigung von ICs gelten aufgrund der sehr viel kleineren Strukturabmessungen wesentlich strengere Bedingungen. Hier werden zunehmend sogenannte Mini-Environments mit Reinraumklasse 1 eingesetzt. Die Wafer werden in luftundurchlässig verschlossenen Boxen transportiert und nur in den Mini-Environments geöffnet. Im Rest des Reinraums kann daher die Partikelkonzentration höher sein.

Front-End-Fertigung

Bei den Verfahren der Front-End-Fertigung können vier Prozessgruppen unterschieden werden:

- LITHOGRAFIEVERFAHREN, vor allem die Fotolithografie, mit der eine lichtempfindliche Schicht (Fotoresist) auf dem Wafer strukturiert wird. Die so entstehende Resistmaske deckt die Bereiche des Wafers ab, die im nachfolgenden Prozess nicht bearbeitet werden sollen.

- Verfahren zur Schichtabscheidung (additive Strukturierung). Hierzu gehören EPITAXIE und physikalische und chemische Gasphasenabscheidung. Die wichtigsten Schichtmaterialien für die Herstellung von ICs sind Siliziumdioxid (SiO_2), epitaktische Siliziumschichten und Metallisierungsschichten. Zunehmend werden weitere Schichtmaterialien eingesetzt. In der Mikrosystemtechnik wird eine Vielzahl von Funktionsschichten benötigt, die zum größten Teil ebenfalls mit den oben erwähnten Verfahren abgeschieden werden.
- Verfahren zum Materialabtrag (subtraktive Strukturierung). Dies sind die nass- und trockenchemischen Ätzprozesse.
- Verfahren zur Änderung von Materialeigenschaften, vor allem THERMISCHE OXIDATION und Dotierung. Dotieren bedeutet das Einbringen von Fremdatomen zur gezielten Veränderung der elektrischen Leitfähigkeit des Ausgangsmaterials.

Lithografieverfahren Mit lithografischen Verfahren werden Strukturen in eine strahlungsempfindliche Schicht (Resist), mit der der zu strukturierende Wafer beschichtet wird, übertragen. Die Bestrahlung des Resists mit Licht, Röntgenstrahlung oder Elektronen verändert seine Löslichkeit in einer Entwicklerlösung. Durch die Entwicklung entsteht eine Maskierung auf dem Wafer und die im Resist erzeugte Struktur kann auf das darunter liegende Substrat übertragen werden.

Die BELICHTUNG erfolgt parallel durch eine Maskenprojektion (maskengebundene Verfahren) oder seriell mit einem fokussierten Strahl (direkt schreibende Verfahren), zum Beispiel einem Laserstrahl oder einem Elektronenstrahl. Elektronenstrahlschreiber, bei denen ein fokussierter Elektronenstrahl mittels elektrischer und magnetischer Felder über das Substrat bewegt wird, erreichen Auflösungen bis zu einigen Nanometern. Direkt schreibende Verfahren sind als serielle Verfahren langsam und werden daher hauptsächlich zur Herstellung der Masken für die maskengebundenen Verfahren eingesetzt. Dabei werden die Layout-Daten eines CAD-Systems in ein geometrisches Muster auf der Maske umgesetzt. CAD steht für **C**omputer-**A**ided Design (rechnerunterstütztes Konstruieren). Mit direkt schreibenden Verfahren werden auch einzelne Prototypen bis hin zu Kleinserien gefertigt.

Fotolithografie ist sowohl in der Mikroelektronik wie in der Mikrosystemtechnik ein zentraler Prozess. Dabei wird eine Maske benutzt, die aus einem Quarzglasträger mit darauf aufgebrachten absorbierenden Strukturen aus Chrom besteht. Diese wird mit **ul**tra**v**iolettem (UV) Licht im Wellenlängenbereich zwischen 434 und 193 nm auf das resistbeschichtete Substrat abgebildet. Drei Belichtungstechniken werden eingesetzt (Abb. 2.6). Bei der Kontaktbelichtung liegt die Fotomaske direkt auf dem resistbeschichteten Substrat. Aufgrund des engen Kontaktes zwischen Maske und Fotoresist können Auflösungen bis in den Sub-µm-Bereich erreicht werden. Nachteilig ist jedoch, dass sowohl die Maske wie auch die Fotoresistschicht infolge des Kontaktes beschädigt werden können. Dies vermeidet die sogenannte Proximitybelichtung. Dabei wird die Maske in einem geringen Abstand (Proximity-Abstand von etwa 10 bis 30 µm) über dem Substrat platziert. Der größere Abstand von Maske und Fotoresistschicht führt zu einer Vergrößerung der Beugungsunschärfe, so dass sich eine geringere Auflösung als bei der Kontaktbelichtung ergibt.

Bei der Projektionsbelichtung wird die Maske mit einem optischen System – im Allgemeinen verkleinert (zum Beispiel im Maßstab 5:1) – auf das Resist abgebildet. Die minimal erreichbare Strukturbreite b_{min}

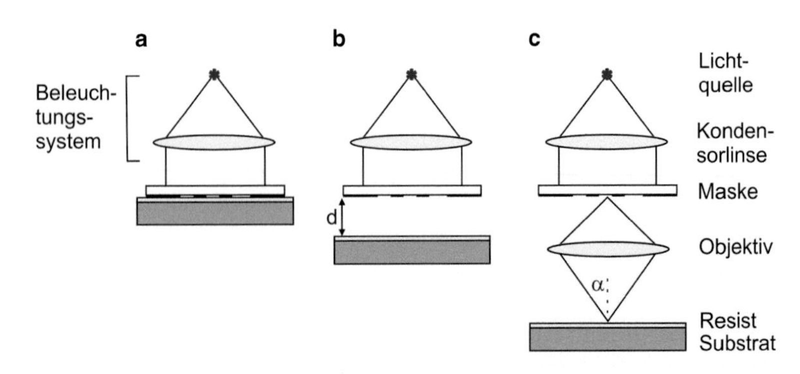

Abb. 2.6 Belichtungsverfahren der Fotolithografie: **a** Kontaktbelichtung, **b** Proximitybelichtung (**d** ist der Proximityabstand), **c** Projektionsbelichtung. (Nach Sze [8, S. 275])

wird beschrieben durch:

$$b_{\min} = k_1 \cdot \frac{\lambda}{n \cdot \sin \alpha}. \tag{2.1}$$

Darin ist λ die Wellenlänge des benutzten Lichtes, n ist der Brechungsindex des Mediums zwischen Objektiv und Resist und α ist der halbe Öffnungswinkel des Objektivs. Das Produkt $n \cdot \sin \alpha$ wird auch als numerische Apertur bezeichnet. Weitere Einflussfaktoren wie die Auflösungseigenschaften des Fotoresists, die Maskentechnologie und die Beleuchtungsbedingungen werden durch den Faktor k_1 berücksichtigt. Die derzeit in der Fertigung von ICs verwendeten Prozesse erreichen k_1-Werte von $< 0{,}3$ und numerische Aperturen von bis zu 0,93 [11]. Mit der Immersionslithografie, bei der sich zwischen Projektionsobjektiv und Fotoresist ein flüssiges Medium mit einem Brechungsindex größer als 1 befindet, kann die numerische Apertur weiter vergrößert werden.

Mit der Verbesserung der lateralen Auflösung nimmt allerdings auch die Schärfentiefe der Abbildung ab. Daher können nur dünne Fotoresistschichten auf Waferoberflächen mit Strukturen von niedrigen ASPEKTVERHÄLTNISSEN (Verhältnis von Tiefe beziehungsweise Höhe zu Breite einer Struktur) belichtet werden. Um Wafer, die Strukturen mit höheren Aspektverhältnissen aufweisen, lithografisch zu strukturieren, können Mehrschicht-Resists verwendet werden. Abb. 2.7 illustriert einen einfachen Zweischicht-Fotolithografieprozess [12]. Auf dem Substrat wird eine einige Mikrometer dicke Polymerschicht aufgebracht. Sie dient als Planarisierungsschicht, das heißt sie gleicht die Unebenheiten der Waferoberfläche aus. Darauf befindet sich eine dünne, ebene Fotoresistschicht. Eine lithografisch erzeugte Struktur in dieser Schicht wird auf die sich darunter befindende Planarisierungsschicht übertragen. Dies geschieht entweder durch Bestrahlung mit UV-Licht und anschließende Entwicklung, falls das Polymer UV-empfindlich ist, oder durch einen Trockenätzprozess (siehe unten). Im ersteren Fall ist es notwendig, dass Fotoresist und Polymer ihre höchste Empfindlichkeit bei unterschiedlichen Wellenlängen haben.

Für dickere Fotoresistschichten, wie sie bei der Fertigung mikrosystemtechnischer Bauelemente häufig vorkommen, werden Kontakt- und Proximitybelichtung angewendet.

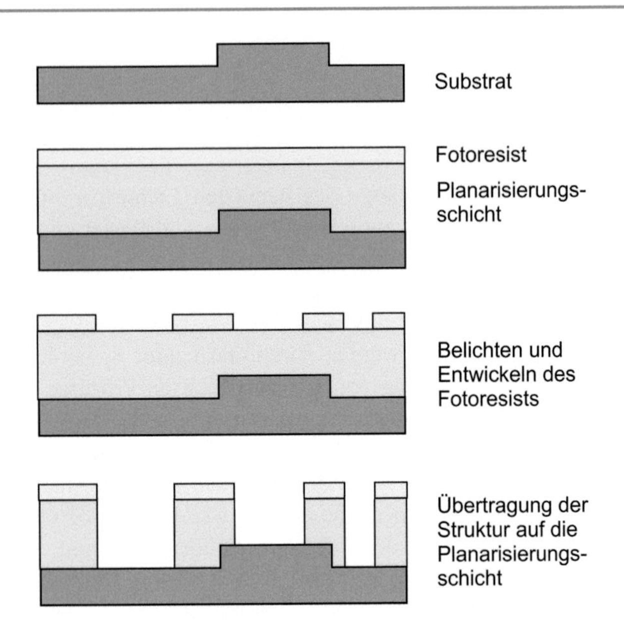

Abb. 2.7 Schematische Darstellung eines Zweischicht-Fotolithografieprozesses. (Nach Reichmanis et al. [12, S. 1039])

Eine weitere Strukturverkleinerung kann nach Gl. 2.1 auch durch eine Verringerung der Wellenlänge erreicht werden. Als eine Weiterführung der Fotolithografie mit kürzeren Wellenlängen wird derzeit intensiv die EUV (**E**xtrem **U**ltra**v**iolet)-Lithografie entwickelt [13]. Diese nutzt elektromagnetische Strahlung mit einer Wellenlänge von 13,5 nm. Für den Übergang zur EUV-Lithografie müssen erhebliche technische Probleme gelöst werden. Diese betreffen unter anderem den Betrieb im Hochvakuum, die Entwicklung von leistungsfähigen Strahlungsquellen, von abbildenden Optiken und Masken auf der Basis von Mehrschichtsystemen und von geeigneten EUV-Resists.

In den 1980er-Jahren galt eine Auflösung von 0,7 μm als Grenze der Fotolithografie mit UV-Licht. Deshalb wurde zur deutlichen Reduktion der Wellenlänge die Röntgenlithografie (Wellenlängen von 0,2 bis 2 nm) als Alternative zur Fotolithografie untersucht. Dabei waren große technische Schwierigkeiten zu überwinden, zum Beispiel:

- Die Nutzung von Synchrotronstrahlung als „Licht"-Quelle. Synchrotronstrahlung ist die Strahlung, die in Elektronen-Beschleunigern (Synchrotrons) oder Elektronen-Speicherringen durch hochbeschleunigte Elektronen erzeugt wird. Im Gegensatz zu anderen Röntgenstrahlungsquellen stellen Beschleuniger und Speicherringe parallele Strahlung zur Verfügung.
- Die Entwicklung neuartiger Masken für die Proximity-Belichtung mit Röntgenstrahlung. Hier werden sehr hohe Anforderungen an die Stabilität und an die Genauigkeit der Justierung gestellt.

Zur Marktreife gelangte die Röntgenlithografie bisher nicht, da sie von der schnellen Entwicklung der Fotolithografie überholt wurde. Allerdings findet Synchrotronstrahlung interessante Anwendungen in der Tiefenlithografie zur Herstellung mikrosystemtechnischer Bauelemente mit hohen Aspektverhältnissen (Kap. 5).

Epitaxie umfasst eine Gruppe von Verfahren zur Abscheidung einkristalliner Strukturen oder Schichten auf einem einkristallinen Substrat. Die wichtigsten Verfahren sind die Abscheidung aus der Gasphase (Gasphasenepitaxie), die Abscheidung aus der flüssigen Phase (Flüssigphasenepitaxie) und das Aufdampfen (Molekularstrahlepitaxie). In der Mikroelektronik werden im Wesentlichen einkristalline Siliziumschichten auf Siliziumwafern abgeschieden (Homoepitaxie), die durch Zugabe von Dotierstoffen in das Prozessmedium gezielt dotiert werden können. Für andere Anwendungen, vor allem in der Optoelektronik werden auch Schichten abgeschieden, deren Material sich vom Substratmaterial unterscheidet (Heteroepitaxie).

Physikalische Gasphasenabscheidung (PVD, Physical Vapor Deposition) Die Schichten werden durch Kondensation eines physikalisch erzeugten Dampfes auf dem zu beschichtenden Substrat aufgebaut. Wichtigste Verfahren sind das Aufdampfen und die Kathodenzerstäubung (Sputtern, Box 2.1). Beim Aufdampfen wird das Material durch Erhitzen in die Dampfphase überführt. Beim Sputtern wird in einem nicht-reaktiven (inerten) Gas – im Allgemeinen Argon – eine Glimmentladung zwischen zwei Elektroden gezündet. Dabei entsteht ein Plasma, dessen Ionen auf die Kathode beschleunigt werden. Auf der Kathode befindet sich das Target, das aus dem abzuscheidenden Material besteht. Dort treffen die Ionen mit hoher kinetischer Energie auf und übertragen ihren Impuls auf Targetatome, die dadurch aus der Targetoberfläche auslöst werden können. Die gesputterten Targetatome bewegen sich zur Anode, auf der sich die zu beschichtenden Substrate befinden. Sie besitzen eine wesentlich höhere kinetische Energie als die durch thermisches Verdampfen erzeugten Atome. Dies führt zu einer besseren Haftung auf dem Substrat. Es können zwei grundsätzliche Varianten unterschieden werden: das Sputtern mit einer Gleichspannung eignet sich für die Herstellung metallischer Schichten, das Sputtern mit einer hochfrequenten Wechselspannung kann auch zur Abscheidung nichtleitender Materialien angewendet werden. Die Sputterausbeute, das ist die Zahl gesputterter Atome pro einfallendes Ion, hängt von der Energie der einfallenden Ionen und vom Druck des umgebenden Gases ab. Sie beträgt für Argon etwa 0,1–3. Die Abscheiderate kann durch Benutzung einer sogenannten Magnetronkathode erhöht werden. Dabei erhöht ein Magnetfeld die Verweilzeit von Sekundärelektronen, die von den auftreffenden Ionen ebenfalls aus dem Target ausgelöst werden, im Bereich des Targets. Dadurch wird das Entladungsgas direkt vor dem Target verstärkt ionisiert, was zu einem verstärkten Materialabtrag führt.

Chemische Gasphasenabscheidung (CVD, Chemical Vapor Deposition) CVD-Prozesse basieren auf chemischen Reaktionen, bei denen sich gasförmige Reagenzien zu einem Festkörper verbinden. Im Allgemeinen erfolgt die Reaktion an der Oberfläche des Substrates. Es wird eine Vielzahl von Prozessvarianten genutzt. Die wichtigsten sind die LPCVD (**L**ow **P**ressure CVD, Box 2.1) und die plasmaunterstützte CVD (PECVD, **P**lasma **E**nhanced CVD). Bei der LPCVD wird die zur Reaktion notwendige Energie thermisch zugeführt. Die Prozesstemperaturen liegen bei etwa 400–900 °C. Bei plasmaunterstützten CVD-Prozessen wird die zur Reaktion erforderliche Energie durch eine Gasentladung geliefert. Dies führt zu wesentlich niedrigeren Prozesstemperaturen (ungefähr 100–300 °C).

Ätzprozesse Mit nasschemischen und Trockenätzprozessen werden dünne Schichten oder Substrate durch selektiven Materialabtrag struk-

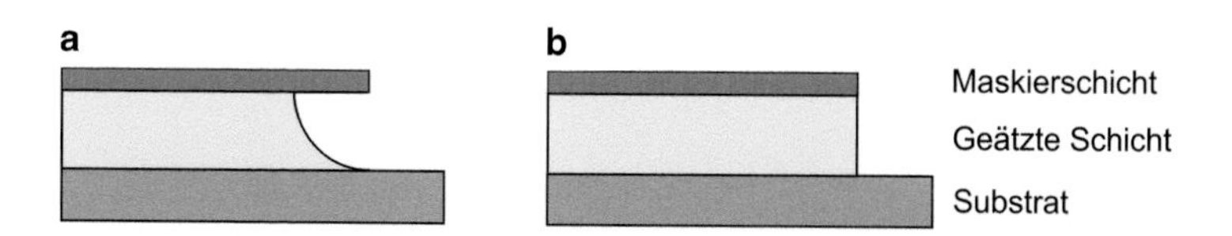

Abb. 2.8 Schematische Darstellung von Ätzprofilen: **a** isotrop, **b** anisotrop. (Nach Büttgenbach [14, S. 103])

turiert. Dabei werden die nicht zu ätzenden Bereiche durch geeignete Maskierschichten geschützt.

Bei isotropen Ätzprozessen ist die Ätzrate richtungsunabhängig. Das bedeutet, der Materialabtrag ist in alle Richtungen gleich (Abb. 2.8a). Anisotrope Ätzprozesse haben richtungsabhängige Ätzraten. Abb. 2.8b zeigt als Beispiel das Ätzprofil für den Fall, dass die Ätzrate in horizontaler Richtung null ist. Die Richtungsabhängigkeit eines Ätzprozesses kann vom Prozess wie auch von einer Anisotropie des zu ätzenden Materials abhängen (Kap. 4).

Im Allgemeinen wird auch die Maskierschicht von dem Ätzmedium angegriffen. Das Verhältnis der Ätzraten von Maskierschicht und zu ätzendem Material heißt Selektivität und bestimmt die maximal mögliche Ätzdauer. Das nasschemische Ätzen erfolgt durch Eintauchen der Substrate in ein Ätzbad oder durch Besprühen mit der Ätzlösung. Steigende Anforderungen an die Feinheit der zu ätzenden Strukturen haben zur Entwicklung von Trockenätzverfahren geführt. Dabei wird das Material durch ein gasförmiges Ätzmedium abgetragen. Die in einem Plasma erzeugten ätzaktiven Teilchen können nicht-reaktive oder reaktive Ionen oder reaktive Radikale sein. Letztere sind Atome oder Moleküle mit einem ungepaarten Elektron, die meistens sehr reaktionsfreudig sind. Der Angriff der ätzaktiven Teilchen kann physikalischer, chemischer oder gemischt physikalisch-chemischer Natur sein.

Thermische Oxidation SiO_2-Schichten hoher Qualität werden durch thermische Oxidation von Silizium hergestellt. Dabei wird Sauerstoff (O_2, Trockenoxidation) oder Wasserdampf (H_2O, Feuchtoxidation) mit Stickstoff (N_2) als Trägergas in einem beheizten Quarzglasrohr (Oxidationsofen) bei Temperaturen von etwa 1000 °C über die Waferoberflächen geleitet. Die Oxidationsreaktion findet an der Grenzfläche von Silizium und SiO_2 statt.

Dotierung Bei der sogenannten n-Dotierung werden Atome mit fünf Elektronen in der äußeren Elektronenschale, zum Beispiel Arsen oder Phosphor, in das Silizium-Kristallgitter eingebaut. Da Silizium vier Elektronen in der äußeren Schale besitzt, gibt es einen Überschuss an Elektronen, die zur Leitung des elektrischen Stromes dienen. Bei der p-Dotierung mit Atomen mit drei äußeren Elektronen, zum Beispiel Indium oder Bor, fehlen Elektronen, es entstehen „Löcher", die zum Stromtransport dienen. Typische Dotierungskonzentrationen liegen im Bereich von einem Fremdatom auf 10^4–10^7 Silizium-Atome. Die Dotierung erfolgt im Wesentlichen durch Diffusion, Ionenimplantation oder Epitaxie. Bei der Diffusion strömt ein mit dem Dotierstoff angereichertes Trägergas bei hoher Temperatur über die Oberfläche der Silizium-Wafer. Die Dotieratome werden über einen Platzwechsel mit den Gitteratomen oder über Gitterleerstellen in den Silizium-Kristall eingebaut. Bei der Ionenimplantation werden die Dotierstoffe mit hoher Geschwindigkeit auf das Substrat geschossen und dringen in dieses ein. Durch Stöße mit den Siliziumatomen werden sie abgebremst und kommen im Substrat zur Ruhe.

In Box 2.1 wird der prinzipielle Aufbau von Anlagen für einige Front-End-Prozesse beschrieben [14].

Box 2.1 Beispiele für Anlagen in der Siliziumtechnologie

Kathodenzerstäubung (Sputtern)

Abb. 2.9 zeigt schematisch den Aufbau einer Sputteranlage. Die Glimmentladung wird in einer Vakuumkammer bei einem Druck von typischerweise 0,1 bis 10 Pa und mit Spannungen bis zu einigen Kilovolt gezündet. Auf der Anode befinden sich die zu beschichtenden Substrate, auf der Kathode das Target.

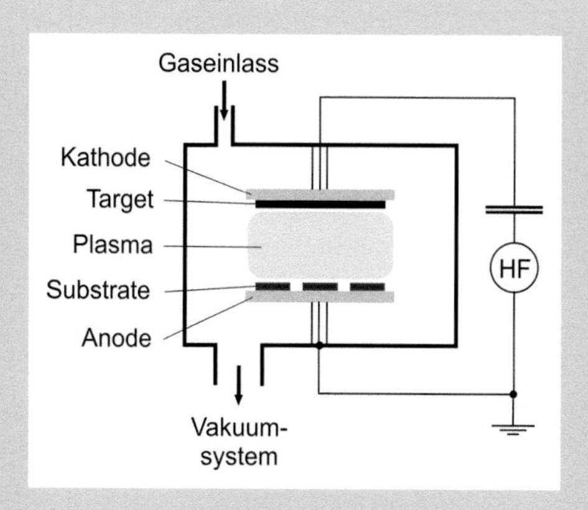

Abb. 2.9 Schematischer Aufbau einer Hochfrequenz-Sputteranlage. (Nach Büttgenbach [14, S. 83])

Im Falle des Sputterns mit **h**och**f**requenter Spannung (HF, 13,56 MHz) wird die Spannung über einen Kondensator an die Kathode gekoppelt. Die mit der Prozesskammer elektrisch verbundene Anode liegt auf Massepotential. Der Kondensator bewirkt, dass Elektronen von der Kathode nicht abfließen können. Dadurch bildet sich an der Kathode die sogenannte Eigen-Vorspannung (self-bias potential), die ein Sputtern auch mit Hochfrequenzspannung ermöglicht.

Low Pressure CVD

Abb. 2.10 zeigt schematisch ein Prozessrohr zur chemischen Abscheidung aus der Gasphase bei niedrigem Druck (10–100 Pa). Die Abscheidung erfolgt im Allgemeinen in einem widerstandsbeheizten Reaktionsrohr aus Quarzglas. Häufig besteht eine solche Anlage aus vier Quarzrohren (4-Stock-Ofen), in denen neben der CVD-Abscheidung auch thermische Oxidations- und Diffusionsprozesse durchgeführt werden. Zur genauen Kontrolle des Prozesses wird die Heizung in drei oder fünf unabhängig voneinander regelbare Zonen eingeteilt. Das Prozessgasgemisch wird auf der einen Seite des Reaktionsrohres zugeführt, durchströmt das Rohr und wird am anderen Ende abgesaugt. Infolge des niedrigen Druckes erhöht sich die Diffusionsgeschwindigkeit der Prozessgasmoleküle um mehrere Größenordnungen. Daher bildet sich senkrecht zur Strömungsrichtung kein Konzentrationsgradient aus, und die Substrate können eng nebeneinander in dem so genannten Quarzboot stehen. SiO_2 kann zum Beispiel nach dem LTO (**L**ow **T**emperature **O**xide)-Verfahren bei ca. 430 °C abgeschieden werden. Ausgangsreagenzien sind Silan (SiH_4) und Sauerstoff (O_2): $SiH_4 + O_2 \rightarrow SiO_2 + 2H_2$. Die Abscheiderate liegt bei etwa 10 nm/min.

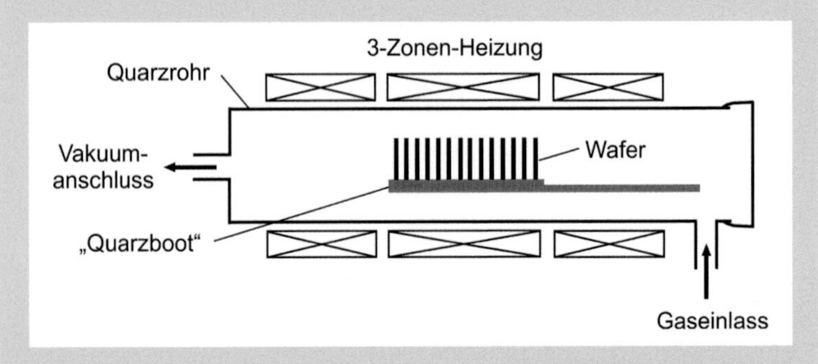

Abb. 2.10 Schematischer Aufbau eines Low Pressure CVD-Reaktors. (Nach Büttgenbach [14, S. 88])

Diffusion

Die Diffusion erfolgt ähnlich der CVD-Abscheidung in einem Reaktionsrohr aus Quarzglas mit gasförmiger Diffusionsquelle bei Temperaturen von 800 bis 1200 °C. In der Praxis wird die Diffusion in zwei Schritten durchgeführt: In einem Vorbelegungsprozess wird die Oberfläche der Substrate mit dem Dotiermittel belegt, danach erfolgt ein Tiefendiffusionsprozess (Drive-in), der in oxidierender Atmosphäre durchgeführt wird, um die Ausdiffusion von Dotieratomen zu verhindern.

Ionenstrahlätzen (IBE, **I**on **B**eam **E**tching)

Beim Ätzen mit einem Argon-Ionenstrahl (Abb. 2.11) wird das Schicht- oder Substratmaterial rein physikalisch abgetragen. Die zu ätzenden Substrate befinden sich in einer Hochvakuumkammer. Beschleunigte Argon-Ionen, die in einer getrennt angeordneten Ionenquelle erzeugt werden, treffen als breiter Strahl auf die Oberfläche der Substrate auf.

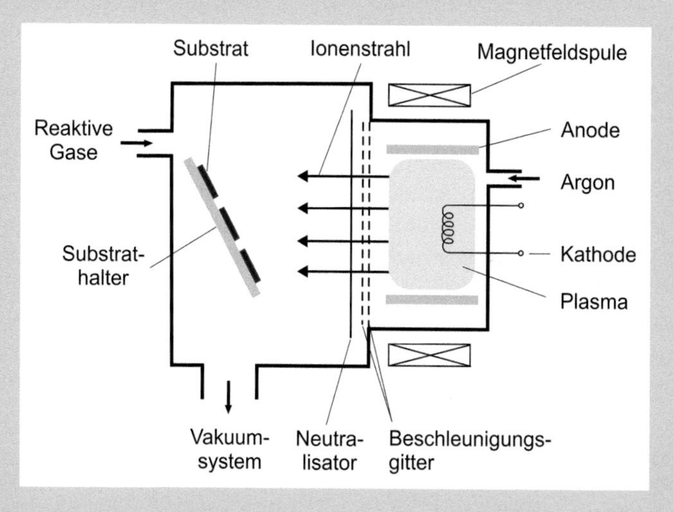

Abb. 2.11 Schematischer Aufbau einer Ionenstrahl-Ätzanlage. (Nach Büttgenbach [14, S. 119])

Häufig wird eine sogenannte Kaufmann-Ionenquelle verwendet, die eine magnetisch unterstützte Gasentladung verwendet. Die Ionen werden mit einer Spannung, die an zwei Beschleunigungsgitter angelegt wird, aus dem Plasma extrahiert und auf die Substrate beschleunigt. Eine Aufweitung des Ionenstrahls und eine Aufladung der Substrate werden verhindert, indem der Ionenstrahl nach der Beschleunigungszone neutralisiert wird. Dazu ist hinter den Beschleunigungsgittern eine Metallwendel angeordnet, die Elektronen emittiert. Beim reaktiven Ionenstrahlätzen (RIBE, **R**eactive **I**on **B**eam **E**tching) werden zusätzlich reaktive Gase eingesetzt. Der Angriff der ätzaktiven Teilchen ist bei dieser Variante physikalisch-chemischer Natur.

Zusammenfassung

Die Entwicklung der Mikroelektronik beginnt mit der Erfindung des Transistors im Jahr 1947. Ab Ende der 1950er-Jahre führte die Siliziumtechnologie zu einer fortlaufenden Miniaturisierung elektronischer Schaltkreise und zu einer Verdopplung der Anzahl von Transistoren pro Chipfläche etwa alle zwei Jahre (mooresches Gesetz). Ausgangsmaterial der Siliziumtechnologie sind Silizium-Scheiben (Wafer), die in einem mehrschrittigen Verfahren aus dem Rohmaterial Siliziumdioxid hergestellt werden. Die Strukturierung der Wafer erfolgt in sogenannten Batch-Prozessen mittels physikalisch-chemischer Verfahren. Dazu gehören Lithografie, Schichtabscheidung, Ätzen, thermische Oxidation und Dotierung. Partikel-Kontaminationen der Substrate werden durch die Prozessierung in Reinräumen möglichst gering gehalten. Die Mikrosystemtechnik basiert ebenfalls auf den Verfahren der Siliziumtechnologie.

Literatur

1. G.C. Lichtenberg, *Aphorismen, Briefe, Schriften* (Kröner, Stuttgart, 1939)
2. J. Bardeen, W.H. Brattain, The transistor, a semi-conductor triode. Physical Review **74**, 230–231 (1948)
3. J. S. Kilby, Patentschrift US 3138743, *Miniaturized electronic circuits*, Prioritätsdatum: 6. Februar 1959.
4. R. N. Noyce, Patentschrift US 2981877, *Semiconductor device-and-lead structure*, Prioritätsdatum: 30. Juni 1959.
5. R. Norman, J. Last, I. Haas, *Solid-state micrologic elements* IEEE International Solid-State Circuits Conference, Philadelphia, Pennsylvania. Digest of Technical Papers, Bd. III (1960), S. 82–83

6. G.E. Moore, Cramming more components onto integrated circuits. Electronics **38**(19. April 1965), 114–117 (1965). Reprint in Proceedings of the IEEE 86, 1998, S. 82–85
7. G.D. Hutcheson, J.D. Hutcheson, Technology and economics in the semiconductor industry. Scientific American **274**(No. 1 Januar), 54–62 (1996)
8. S.M. Sze, *VLSI Technology*, 2. Aufl. (McGraw-Hill, Auckland, 1984)
9. D. Sautter, H. Weinerth (Hrsg.), *Lexikon Elektronik und Mikroelektronik*, 2. Aufl. (VDI-Verlag, Düsseldorf, 1993), S. 698
10. The International Technology Roadmap for Semiconductors, *ITRS reports*. http://www.itrs2.net/, Zugegriffen: 27. Mai 2016
11. D.P. Sanders, Advances in patterning materials for 193 nm immersion lithography. Chemical Reviews **110**, 321–360 (2010)
12. E. Reichmanis, C.W. Wilkins Jr., E. Ong, Materials for multilevel resist schemes. Polymer Engineering and Science **23**, 1039–1042 (1983)
13. B. Wu, A. Kumar, Extreme ultraviolet lithography: towards the next generation of integrated circuits. Optics & Photonics Focus **7**(04.11.2009), (2009). Story 4
14. S. Büttgenbach, *Mikromechanik*, 2. Aufl. (B. G. Teubner, Stuttgart, 1994)

Der piezoresistive Effekt

3

Der Einfluss von mechanischen Spannungen beziehungsweise Dehnungen auf den elektrischen Widerstand wird beschrieben durch die Beziehung

$$\frac{\Delta R}{R} = K \cdot \frac{\Delta l}{l} = K \cdot \varepsilon. \tag{3.1}$$

Der K-Faktor (Gage-Faktor) gibt die relative Änderung des Widerstands R bezogen auf die relative Änderung seiner Länge l an. ε ist die Dehnung. Bei metallischen Werkstoffen wird der K-Faktor durch die Geometrieänderung des gedehnten oder gestauchten Widerstandes bestimmt und liegt in der Größenordnung von $K = 2$. Dieser geometrische resistive Effekt wird seit Anfang der 1940er-Jahre in Dehnungsmessstreifen angewendet.

1953 untersuchte Charles Smith in den Bell-Laboratorien den Einfluss mechanischer Belastungen auf Halbleitermaterialien. Er entdeckte, dass Silizium einen um einen Faktor 20–50 größeren K-Faktor aufweist als metallische Dehnungsmessstreifen [1]. Der Wert hängt vom Leitungstyp (p- oder n-Leitung), von der Dotierung und von der Kristallrichtung ab [2]. Dieser PIEZORESISTIVE EFFEKT beruht darauf, dass die mechanische Deformation des Siliziumkristalls die mittlere Beweglichkeit der Ladungsträger und damit den elektrischen Widerstand ändert. Der geometrisch bedingte Effekt kann gegenüber diesem materialbedingten Effekt vernachlässigt werden.

Technik im Fokus, DOI 10.1007/978-3-662-49773-9_3

Bald wurde erkannt, dass der piezoresistive Effekt großes Potential für die Messung mechanischer Größen besitzt, insbesondere zur Messung des Drucks (Box 3.1). Zunächst wurden diskrete Silizium-Dehnungsmessstreifen hergestellt. Später wurden dünne Siliziumsubstrate mit eindiffundierten Widerständen auf metallische Druckplatten montiert. Schließlich wurden dünne Siliziummembranen direkt als Druckplatten benutzt. Das Abdünnen der Membranen erfolgte zunächst durch Schleifen, später durch isotropes und anisotropes nasschemisches Ätzen (diese Prozesse werden in Kap. 4 behandelt). Zwei Schlüsselanwendungen führten Ende der 1970er und Anfang der 1980er-Jahre in den USA zur Gründung vieler neuer Sensorfirmen [3] und einer starken Verbreitung piezoresistiver Drucksensoren: Medizinische Einmal-Drucksensoren zur intrakorporalen Blutdruckmessung und Ansaugdrucksensoren zur Regelung der Kraftstoffzufuhr in Kraftfahrzeugen. Für 2017 wird ein Marktvolumen für Mikrodrucksensoren von 2,3 Mrd. US-Dollar prognostiziert [4]. Heute wird eine Vielzahl von Mikrodrucksensoren im Kraftfahrzeug eingesetzt, zum Beispiel zur Messung von Bremsdruck, Luftfederdruck und Reifendruck [5]. Eine detaillierte Darstellung der Kommerzialisierung piezoresistiver Sensoren findet sich in [6]. Neben dem Druck können weitere Größen mit Hilfe des piezoresistiven Prinzips gemessen werden, beispielsweise Beschleunigungen [7], chemische und biologische Größen [8] und Kräfte [9].

Box 3.1 Piezoresistive Drucksensoren

Abb. 3.1 zeigt die funktionale Struktur piezoresistiver Silizium-Drucksensoren. Der zu messende Druck verformt einen Federkörper, im Allgemeinen eine allseitig eingespannte Membran aus einkristallinem Silizium. Durch die Verformung entstehen in der Membran mechanische Spannungen. Diese dehnen oder stauchen in die Membran eindiffundierte piezoresistive Widerstände, die ihren Wert entsprechend Gl. 3.1 ändern. Die Widerstandsänderungen werden meistens mit Hilfe einer Brückenschaltung in eine elektrische Spannung transformiert. Die Druckempfindlichkeit hängt außer vom K-Faktor von der Dicke der Membran und ihrem Radius (kreisförmige Membran) oder ihrer Seitenlänge (quadratische Membran) ab.

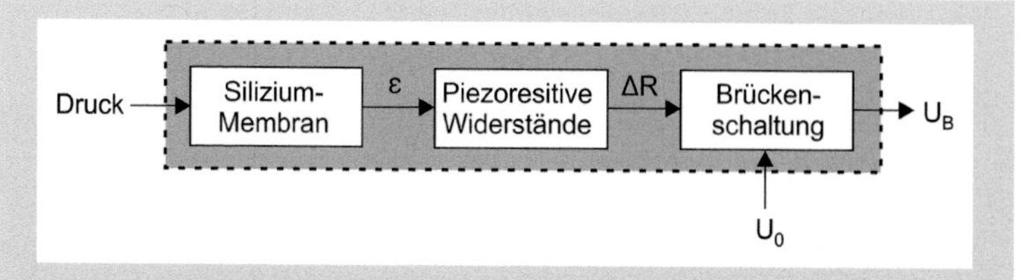

Abb. 3.1 Funktionale Struktur piezoresistiver Silizium-Drucksensoren

Eine mögliche Anordnung der piezoresistiven Widerstände auf einer Membran zeigt Abb. 3.2. Alle vier Widerstände haben den gleichen Ausgangswert R, das heißt ohne Verformung ist die Brückenspannung $U_B = 0$. Die Widerstände werden in den Bereichen maximaler Dehnung (Dilatation) oder Stauchung (Kompression) angeordnet, und zwar so, dass der Widerstand bei zwei Widerständen bei einer Verformung abnimmt ($R - \Delta R$) und der Widerstand der anderen beiden zunimmt ($R + \Delta R$). Die Brückenschaltung liefert dann mit Hilfe der Betriebsspannung U_0 eine zur Widerstandsänderung ΔR proportionale Brückenspannung U_B:

$$\frac{\Delta R}{R} = \frac{U_B}{U_0}. \tag{3.2}$$

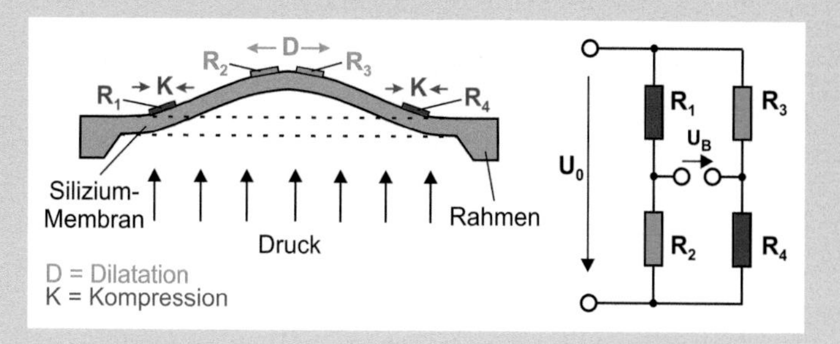

Abb. 3.2 Brückenschaltung von Piezowiderständen auf einer Drucksensormembran (*Schnittdarstellung*)

Für einen piezoresistiven Widerstand, auf den ein zweidimensionales mechanisches Spannungsfeld (σ_L, σ_T) wirkt, gilt [2]:

$$\frac{\Delta R}{R} = \pi_L \cdot \sigma_L + \pi_T \cdot \sigma_T. \tag{3.3}$$

Darin sind σ_L und σ_T die mechanischen Spannungen parallel (L steht für longitudinal) und senkrecht (T steht für transversal) zur Richtung des elektrischen Stromes, π_L und π_T sind die zugehörigen piezoresistiven Koeffizienten. Die piezoresistiven Koeffizienten sind Materialkonstanten und verknüpfen die Änderung des spezifischen elektrischen Widerstands mit der mechanischen Spannung. Sie sind im Allgemeinen abhängig von der Kristallrichtung und der Dotierung [2]. Der zu messende Druck induziert mechanische Spannungen in der Membran. Diese können numerisch oder analytisch ermittelt werden, so dass die piezoresistiven Widerstände optimal platziert werden können. Abb. 3.3 zeigt eine übliche Anordnung der vier p-dotierten Brückenwiderstände auf einer quadratischen n-dotierten Silizium-Membran [2]. Die Ausdrücke $\{100\}$ und $\langle 110 \rangle$ zur Bezeichnung von Ebenen und Richtungen im Silizium-Kristall werden in Kap. 4 näher erläutert.

Quadratische Membranen haben je nach Messbereich Seitenlängen von einigen hundert Mikrometern und Dicken von einigen Mikrometern bis zu mehreren zehn Mikrometern. Typische Chipgrößen für Messungen im Bereich von 1 bar betragen 1,5 mm × 1,5 mm × 0,5 mm. Um den Einfluss von mechanischen Nichtlinearitäten zu verringern, werden Silizium-Membranen mit biegesteifem Zentrum (Boss-Struktur) verwendet. Dies ist insbesondere bei Sensoren zur Messung niedriger Drücke wichtig.

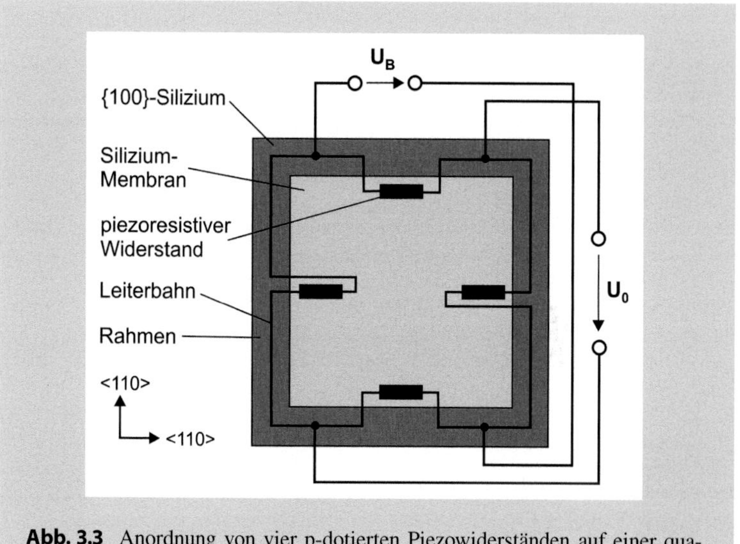

Abb. 3.3 Anordnung von vier p-dotierten Piezowiderständen auf einer quadratischen Membran (*Draufsicht*)

Zusammenfassung
Der piezoresistive Effekt in Silizium wurde 1954 entdeckt. Er beschreibt den Einfluss von mechanischen Spannungen beziehungsweise Dehnungen auf den elektrischen Widerstand. Für Silizium ist dieser Einfluss um ein Vielfaches größer als für metallische Dehnungsmessstreifen. Der piezoresistive Effekt besitzt ein großes Potential für die Messung mechanischer Größen. Ein sehr wichtiges Anwendungsgebiet ist die Druckmessung.

Literatur

1. C.S. Smith, Piezoresistance effect in germanium and silicon. Physical Review **94**, 42–49 (1954)
2. B. Kloeck, Piezoresistive sensors, in *Sensors Set: A Comprehensive Survey*, ed. by W. Göpel, J. Hesse, J.N. Zemel (Wiley-VCH, Weinheim, 1995)

3. http://terahz.org/_pdf/GenealogyOfSolidStateSensorsInTheUSA.pdf, Zugegriffen: 27. Mai 2016
4. E. Mounier, MEMS markets & applications, 2nd Workshop on Design, Control and Software Implementation for Distributed MEMS, Besançon, Frankreich, 02.–03.04.2012. http://dmems.univ-fcomte.fr/presentations/mounier.pdf, Zugegriffen: 27. Mai 2016
5. K. Reif (Hrsg.), *Sensoren im Kraftfahrzeug* (Vieweg + Teubner, Springer Fachmedien, Wiesbaden, 2010)
6. G. Gerlach, R. Werthschützky, 50 Jahre Entdeckung des piezoresistiven Effekts – Geschichte und Entwicklungsstand piezoresistiver Sensoren. Technisches Messen **72**, 53–76 (2005)
7. T.K. Bhattacharyya, A.L. Roy, MEMS piezoresistive accelerometers, in *Micro and smart devices and systems* Springer Tracts in Mechanical Engineering., ed. by K.J. Vinoy, G.K. Ananthasuresh, R. Pratap, S.B. Krupanidhi (Springer, India, 2014), S. 19–34
8. N.V. Lavrik, M.J. Sepaniak, P.G. Datskos, Cantilever transducers as a platform for chemical and biological sensors. Review of Scientific Instruments **75**, 2229–2253 (2004)
9. A. Tibrewala, A. Phataralaoha, S. Büttgenbach, Simulation, fabrication and characterization of a 3D piezoresistive force sensor. Sensors and Actuators A **147**, 430–435 (2008)

4 Volumenmikromechanik

Im Jahr 1970 veröffentlichte H. A. Waggener einen Aufsatz mit dem Titel *Electrochemically controlled thinning of silicon*, in dem das anisotrope Ätzen von einkristallinem Silizium beschrieben wird [1]. Auf Basis dieser Technik entstanden die ersten, kommerziell außerordentlich erfolgreichen Produkte der MIKROMECHANIK: Silizium-Drucksensoren. Diese bestehen aus dünnen Silizium-Membranen mit integrierten piezoresistiven Widerständen (Kap. 3). Viele weitere Silizium-Mikrostrukturen entstanden bis Anfang der 1980er-Jahre. Eines der legendärsten Beispiele ist der an der Stanford-Universität entwickelte Gaschromatograph auf einem Silizium-Wafer [2]. 1982 veröffentlichte Kurt Petersen den Übersichtsaufsatz *Silicon as a mechanical material*, in dem er die Vorteile der Nutzung von Silizium für mechanische Bauelemente und die Technologien zu ihrer Herstellung beschreibt [3]. Einen Überblick über die frühe Entwicklung geben auch Angell, Terry und Barth – ebenfalls Pioniere der Silizium-Mikromechanik [4].

Anisotrope, selektive nasschemische Ätzprozesse bilden die technologische Basis der Silizium-VOLUMENMIKROMECHANIK. Silizium kristallisiert in der Diamantstruktur, das heißt das Kristallgitter besteht aus kubisch-flächenzentrierten Einheitszellen. Auf jeder Ecke und jeder Seitenmitte der würfelförmigen Einheitszelle mit einer Kantenlänge von 0,543 nm befindet sich ein Gitterpunkt. Jedem Gitterpunkt ist eine Basis aus zwei Silizium-Atomen zugeordnet, die um 1/4 der Raumdiagonalen gegeneinander verschoben sind (Abb. 4.1). Aus der Abbildung wird

Technik im Fokus, DOI 10.1007/978-3-662-49773-9_4

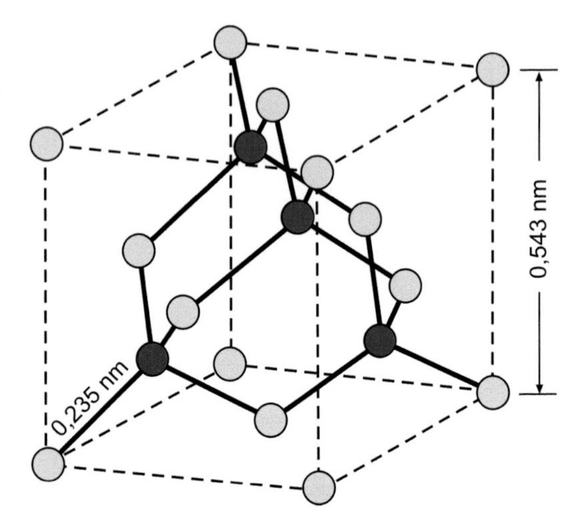

Abb. 4.1 Kubisch-flächenzentrierte Einheitszelle des Silizium-Kristalls

auch die tetraedrische Bindung von Silizium deutlich. Jedes Silizium-Atom ist von vier nächsten Nachbarn umgeben. Die Ebenen im Kristall werden mit Hilfe der MILLER-INDIZES (hkl) beschrieben (zur Erläuterung der Miller-Indizes siehe zum Beispiel [5]). Die Richtungsvektoren [hkl] stehen senkrecht auf den Ebenen (hkl). Abb. 4.2 zeigt die Ebenen im Silizium-Kristall, die die größte Bedeutung für die Volumenmikromechanik haben. Kristallrichtungen und -ebenen, die aus Symmetriegründen gleichwertig sind, werden mit ⟨hkl⟩ beziehungsweise {hkl} bezeichnet. Aufgrund der Anisotropie des Silizium-Kristalls hängen auch physikalisch-chemische Eigenschaften von der Kristallrichtung ab, wie zum Beispiel das elastische Verhalten oder die Ätzraten in bestimmten Ätzlösungen.

Im Gegensatz zu isotropen Silizium-Ätzlösungen, bei denen die Ätzrate unabhängig von der Kristallrichtung ist, tragen basische Ätzlösungen unterschiedliche Kristallebenen unterschiedlich schnell ab. Eine typische isotrope Ätzlösung ist HNA, eine Mischung von HF (Flusssäure, **H**ydrofluoric acid), HNO_3 (Salpetersäure, **N**itric acid) und CH_3COOH (Essigsäure, **A**cetic acid). Typische anisotrope Ätzlösungen sind wässrige Lösungen von KOH (Kaliumhydroxid) und TMAH (**T**etra**m**ethyl**a**mmonium**h**ydroxid). Das anisotrope Verhalten wird durch

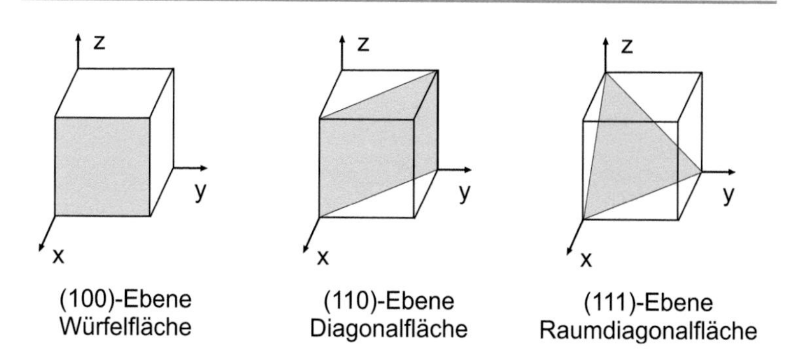

Abb. 4.2 Ebenen im kubischen Kristall und zugehörige Miller-Indizes

die unterschiedlichen Bindungskräfte der Siliziumatome hervorgerufen. Der Energieaufwand für die Auslösung eines Atoms in einer $\{111\}$-Ebene ist am größten, so dass diese Ebenen bevorzugt erhalten bleiben. Die Ätzraten in $\langle 111\rangle$-Richtung sind etwa um einen Faktor 100 kleiner als in den Kristallrichtungen $\langle 100\rangle$ und $\langle 110\rangle$ [6]. Die maximalen Ätzraten betragen einige Mikrometer pro Minute. Zur Maskierung werden dünne Schichten aus SiO_2 (Siliziumdioxid) und Si_3N_4 (Siliziumnitrid) genutzt. Isotrope Ätzprozesse werden im Allgemeinen durch die Diffusion, anisotrope Prozesse durch die Reaktionsraten begrenzt [7].

Im Allgemeinen dienen Wafer mit einer $\{100\}$-Oberfläche als Ausgangsmaterial zur Herstellung volumenmikromechanischer Bauelemente aus Silizium. Die Geometrie der anisotrop geätzten Strukturen wird durch die charakteristischen Winkel zwischen den Kristallebenen bestimmt. Beispielsweise beträgt der Winkel zwischen den langsam ätzenden $\{111\}$-Ebenen und der $\{100\}$-Oberfläche etwa 55°. An konkaven Ecken der Maskierschicht begrenzen die $\{111\}$-Ebenen die Ätzstruktur, während konvexe Ecken der Maskierschicht unterätzt werden infolge der sich dort ausbildenden schnellätzenden Ebenen. Der Unterätzung kann durch zusätzliche Flächen in der Maskierschicht, sogenannte Kompensationsstrukturen, begegnet werden. Die Ausrichtung der Maskenstrukturen auf der Waferoberfläche ist von entscheidender Bedeutung. Sind zum Beispiel rechteckige Öffnungen in der Maskierschicht exakt bezüglich der $\langle 110\rangle$-Richtungen ausgerichtet, so entstehen Gruben, die genau

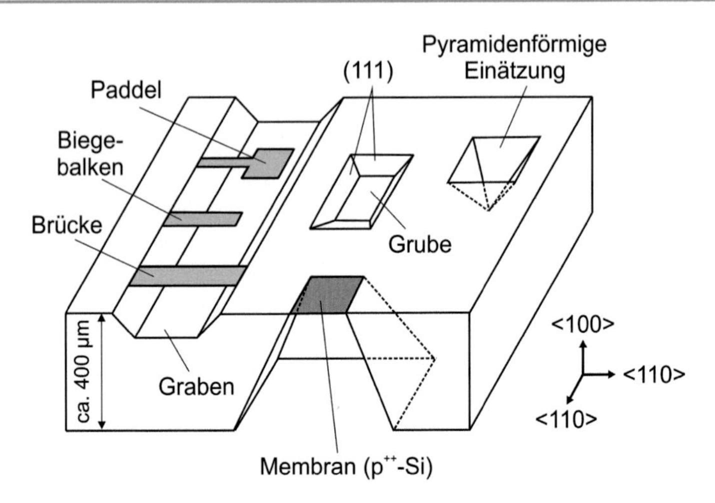

Abb. 4.3 Grundstrukturen der Silizium-Volumenmikromechanik. (Büttgenbach und Dietzel [8])

mit der Öffnung in der Maskierschicht übereinstimmen (Abb. 4.3). Nicht exakt justierte oder nicht rechteckige Öffnungen führen ebenfalls zu Gruben, die durch {111}-Ebenen begrenzt werden. Dabei wird allerdings die Maskierschicht unterätzt.

Zusätzlich zur Anisotropie, die durch die Kristallrichtungen vorgegeben wird, können Verfahren der gezielten Ätzratenänderung genutzt werden. Dies sind einerseits selektive Ätzstoppverfahren. Die Selektivität beschreibt das Verhältnis der Ätzraten für unterschiedliche Materialien. Zum Beispiel muss die Selektivität gegenüber dem Material der Maskierschicht so hoch sein, dass die Maskierschicht während der Dauer des Ätzprozesses intakt bleibt. Die Ätzraten von Silizium hängen auch von der Dotierung ab. So werden hochbordotierte Silizium-Schichten (p^{++}-Dotierung, etwa 10^{20} Boratome/cm^3) von den anisotropen Ätzlösungen nicht angegriffen [9]. Sie werden daher oft als Ätzstopp benutzt. Es kann auch ein elektrochemischer Ätzstopp an Grenzflächen von unterschiedlich dotiertem Silizium erfolgen. Dabei wird ein elektrisches Potential an den Siliziumwafer angelegt [1]. Die Ausnutzung von Kristallstruktur und Anisotropie des Ätzvorgangs sowie von Ätzstoppverfahren erlaubt es, vielfältige mikromechanische Strukturen herzustellen. Grundstrukturen sind Gruben, Gräben, pyramidenförmige Einätzungen, Membranen, Biegebalken und Paddel sowie Brückenstrukturen (Abb. 4.3). Andererseits können nach selektiver Änderung der einkristallinen Struktur des Siliziums mittels Laserstrahlung weitere Ätzformen hergestellt werden [10]. Dazu gehören Vertiefungen mit hohem Aspektverhältnis, teilverschlossene Kanäle und Schnappmechanismen zur Halterung anderer Bauteile, zum Beispiel von mikrooptischen Linsen. Weitere Formelemente lassen sich mit anderen Waferorientierungen, zum Beispiel mit Wafern mit einer {110}-orientierten Oberfläche, fertigen. Wafer mit anderen Oberflächen als {100} und {111} sind kein Standardmaterial und müssen speziell angefertigt werden. Die starke Abhängigkeit der realisierbaren Geometrien von der Kristallstruktur und den Verfahren zur Ätzratenmodifikation hat zur Entwicklung spezieller CAD-Werkzeuge für das Design komplexer volumenmikromechanischer Siliziumbauelemente geführt, mit denen auch Maskenkompensationsstrukturen optimiert werden können [11].

Eine zweite wichtige Technologie der Volumenmikromechanik neben der anisotropen nasschemischen Ätztechnik ist das Waferbonden. Sowohl zur Häusung der Silizium-Bauelemente wie auch zur Realisierung komplexer dreidimensionaler Systeme durch Fügen von Mehrschichtsystemen, zum Beispiel aus mehreren Siliziumwafern und Glaswafern, werden Bond-Verfahren eingesetzt. Beim Anodischen Bonden [12] werden Siliziumscheiben mit einem Glassubstrat durch elektrostatische Kräfte in innigen Kontakt gebracht und dadurch chemisch verbunden. Die Kräfte entstehen durch die Wanderung von Natriumionen im Glas bei erhöhter Temperatur (einige 100 °C) und einer elektrischen Spannung (einige 100 V). Auch Siliziumwafer können mit Hilfe einer Glas-Zwischenschicht miteinander verbunden werden. Ein weiteres Bond-Verfahren, das keine Zwischenschichten benötigt, ist das so genannte Direktbonden [13]. Die Oberflächen von Silizium- oder Glasscheiben werden in einer Mischung aus NH_4OH (Ammoniumhydroxid), H_2O_2 (Wasserstoffperoxid) und H_2O (Wasser) behandelt (hydrophilisiert). Dadurch entstehen freie OH-Bindungen an der Scheibenoberfläche. Die so behandelten Substrate werden in Kontakt gebracht und bei hoher Temperatur (etwa 1000 °C) wärmebehandelt. Dabei bildet sich eine feste chemische Verbindung über Siloxan-Gruppen (Si-O-Si) aus. Zunehmend werden Verfahren zum Direktbonden entwickelt, die bei niedrigeren Temperaturen (<400 °C) arbeiten. Dies hat den Vorteil, dass die mechanischen Spannungen, die beim Verbinden unterschiedlicher Materialien durch die Wärmebehandlung induziert werden, wesentlich geringer sind.

Bei der Herstellung volumenmikromechanischer Bauelemente werden zusätzlich zu den nasschemischen Ätzprozessen auch die Standardverfahren der Siliziumtechnologie genutzt (Kap. 2). In Box 4.1 werden Beispiele vorgestellt. Weitere Bauelemente auf Silizium-Basis sind unter anderem Mikropumpen und Mikromischer, Mikrokühler, Druck- und Kraftsensoren sowie optische Resonatoren.

Einkristallines Silizium besitzt hervorragende elektrische und mechanische Eigenschaften und ermöglicht die monolithische Integration von elektronischen und mechanischen Bauelementen. Daher ist Silizium das wichtigste Material der Volumenmikromechanik. Aber auch andere Materialien wie zum Beispiel einkristalliner Quarz können mit Hilfe anisotroper Ätzverfahren strukturiert werden [14]. Quarz ist vor allem wegen seiner piezoelektrischen Eigenschaften interessant. Der direkte PIEZOELEKTRISCHE EFFEKT beschreibt das Auftreten einer elektrischen Spannung bei elastischer Verformung. Umgekehrt verformt sich ein piezoelektrischer Kristall bei Anlegen einer äußeren elektrischen Spannung (reziproker piezoelektrischer Effekt). Über den reziproken Effekt lassen sich auf einfache Weise mechanische Schwingungen in Quarzstrukturen anregen. Die dadurch entstehenden Quarzresonatoren haben vielfältige Anwendungen, zum Beispiel als Taktgeber in Uhren und Computern und als frequenzanaloge Sensoren. Dies sind Sensoren, bei denen eine Änderung der Messgröße die Frequenz des Quarzresonators verändert. Besonders interessant sind sogenannte Quarzmikrowaagen, die zur Messung der Konzentration von chemischen und biologischen Substanzen eingesetzt werden (Kap. 9).

Box 4.1 Bauelemente der Volumenmikromechanik

Beschleunigungssensoren

Die erste Generation mikromechanischer Beschleunigungssensoren basierte auf dem Biegebalkenprinzip. Abb. 4.4 zeigt den

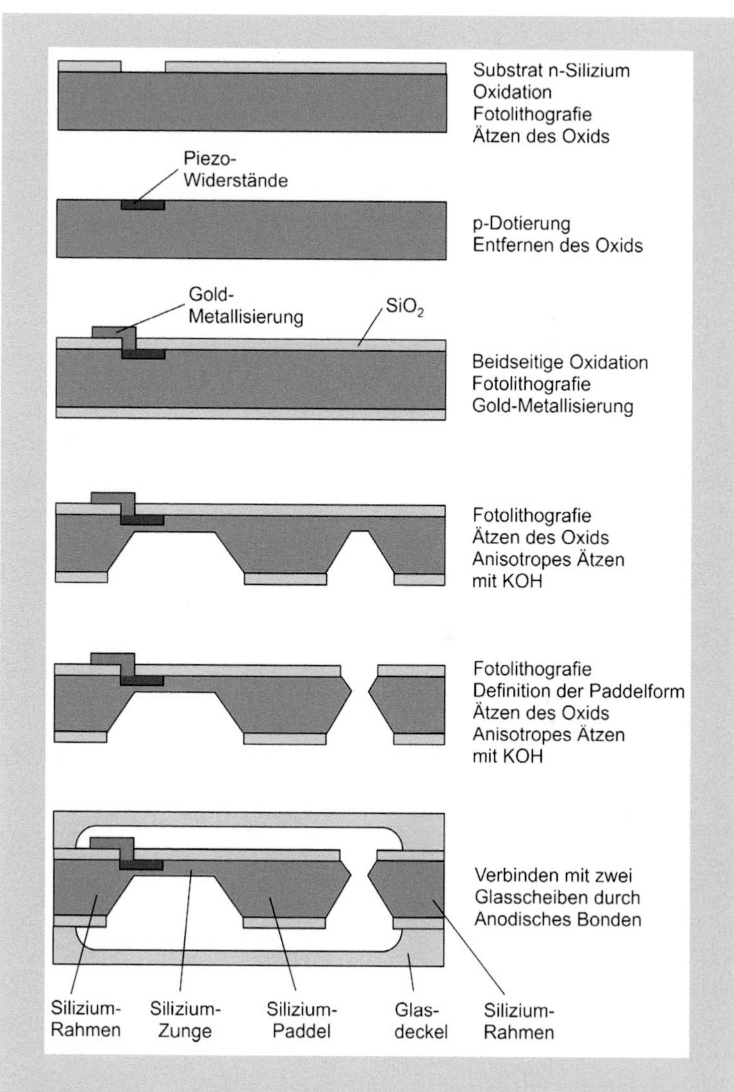

Abb. 4.4 Prozessschritte zur Herstellung eines Biegebalken-Beschleunigungssensors

prinzipiellen Aufbau eines Biegebalken-Beschleunigungssensors und die Prozessschritte zu seiner Herstellung. Er besteht aus einer paddelförmigen trägen Masse aus Silizium, die an einer dünnen Siliziumzunge aufgehängt ist. Die Auslenkung der trägen Masse infolge einer Beschleunigung führt zu einer Dehnung der Siliziumzunge, die mit Hilfe von eindiffundierten piezoresistiven Widerständen gemessen wird (Kap. 3). Der Sensor wird in mehreren anisotropen Ätzschritten hergestellt. Zwei Glasscheiben werden hermetisch dicht mit dem Siliziumelement durch anodisches Bonden verbunden. In die Glasscheiben sind Vertiefungen geätzt, damit sich das Siliziumpaddel frei bewegen kann. Der erste mikromechanische Beschleunigungssensor [15] wog 20 mg und hatte Abmessungen von $3 \times 2 \times 0{,}6\,\mathrm{mm}^3$. Er wurde zur Messung von Herzwandbewegungen entwickelt.

Die Umwandlung der Auslenkung der trägen Masse in ein elektrisches Signal kann auch kapazitiv erfolgen. Dabei bildet die träge Masse die bewegliche Elektrode eines Kondensators. Die kapazitive Methode wird vorzugsweise bei den heute dominierenden Beschleunigungssensoren, die mittels OBERFLÄCHENMIKROMECHANIK (Kap. 6) hergestellt werden, angewendet.

Tintenstrahl-Druckköpfe

Druckköpfe für Tintenstrahldrucker, die nach dem Drop-on-Demand-Verfahren arbeiten, sind ein wichtiger Markt der Mikrosystemtechnik. Drop-on-Demand bedeutet, dass Tintentröpfchen nicht kontinuierlich, sondern nach Bedarf aus den Tintendüsen ausgestoßen werden. Die Anzahl der Düsen und die Geschwindigkeit, mit der Tröpfchen erzeugt werden, legen die Druckgeschwindigkeit fest. Aktuelle Druckköpfe haben mehrere Hundert Düsen pro Farbe und erzeugen Tröpfchen mit einem Volumen von einigen bis zu einigen zehn Pikolitern ($1\,\mathrm{pL} = 10^{-12}\,\mathrm{L} = 1000\,\mu\mathrm{m}^3$).

Die Tinte befindet sich in einer Kammer, deren Volumen verkleinert wird, um die Tintentröpfchen durch die Düse auszustoßen.

Beim Bubblejet-Druckkopf wird mit einem Heizelement in der Tinte eine Dampfblase erzeugt, die einen Tintentropfen durch die Düse ausstößt. In einem Piezodruckkopf werden durch piezoelektrische Aktoren Druckstöße erzeugt, die die Tintentröpfchen aus den Düsen herausschleudern. Abb. 4.5 zeigt schematisch die Tropfenerzeugung in einem Piezo-Druckkopf. Als Aktor wird eine piezoelektrische Scheibe verwendet, die sich bei Anlegen einer elektrischen Spannung verformt und dadurch Druck auf die Membran, die die Tintenkammer abschließt, ausübt.

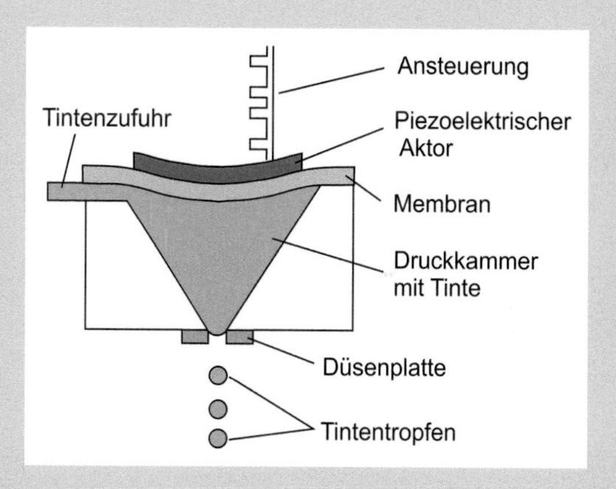

Abb. 4.5 Schematische Darstellung eines Drop-on-Demand-Druckkopfes

Die Eigenschaften der Düsenaustrittsöffnung beeinflussen die Druckqualität entscheidend. Eine unsymmetrische Benetzung der Düsenoberflächen kann die Tropfen so ablenken, dass ein minderwertiges Schriftbild entsteht. In Abb. 4.6 ist ein Beispiel für einen Fertigungsprozess dargestellt, der zu einer stabilen Tropfenemission führt [16].

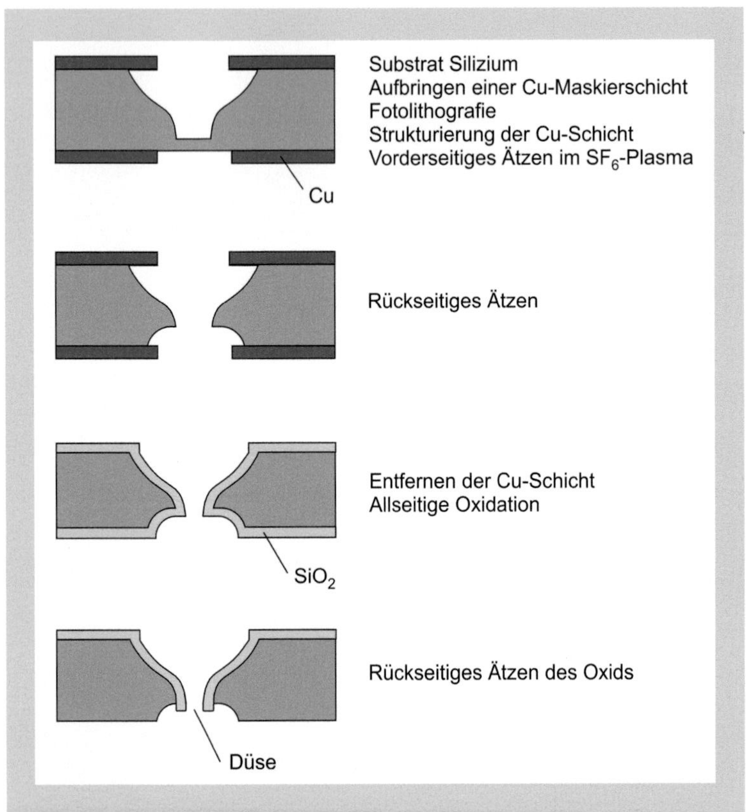

Abb. 4.6 Prozessschritte zur Herstellung einer Tintenstrahldüse. (Nach Bentin et al. [16, S. 154])

Zusammenfassung

Die Volumenmikromechanik nutzt neben den Standardprozessen der Siliziumtechnologie anisotrope, selektive nasschemische Ätztechniken zur Herstellung dreidimensionaler Strukturen aus einkristallinem Silizium. Anisotropie beschreibt die Abhängigkeit der Ätzgeschwindigkeit von der Kristallrichtung, Selektivität die Abhängigkeit vom Material. Häufig benutzte anisotrope Ätzlösungen sind wässrige Lösungen von KOH und

TMAH. Eine zweite wichtige Technologie ist das Bonden, mit dessen Hilfe die vertikale Verbindung mehrerer Substrate zu komplexen Systemen ermöglicht wird. Die Silizium-Volumenmikromechanik erlaubt die Herstellung einer Vielzahl von Bauelementen, wie zum Beispiel Drucksensoren, Beschleunigungssensoren, Tintenstrahldüsen, Mikropumpen und Mikrospiegel. Silizium ist wegen seiner hervorragenden elektrischen **und** mechanischen Eigenschaften das wichtigste Material der Volumenmikromechanik. Aber auch andere Materialien, zum Beispiel einkristalliner Quarz, können mit anisotropen Ätzverfahren strukturiert werden.

Literatur

1. H.A. Waggener, Electrochemically controlled thinning of silicon. The Bell System Technical Journal **49**, 473–475 (1970)
2. S.C. Terry, J.H. Jerman, J.B. Angell, A gas chromatographic air analyzer fabricated on a silicon wafer. IEEE Transactions on Electron Devices **26**, 1880–1886 (1979)
3. K.E. Petersen, Silicon as a mechanical material. Proceedings of the IEEE **70**, 420–457 (1982)
4. J.B. Angell, S.C. Terry, P.W. Barth, Mikromechanik aus Silizium. Spektrum der Wissenschaft **6**, 38–50 (1983)
5. W. Borchardt-Ott, *Kristallographie: Eine Einführung für Naturwissenschaftler*, 7. Aufl. (Springer, Berlin, 2009)
6. H. Seidel, L. Csepregi, A. Heuberger, H. Baumgärtel, Anisotropic etching of crystalline silicon in alkaline solutions. I. Orientation dependence and behavior of passivation layers. Journal of the Electrochemical Society **137**, 3612–3626 (1990)
7. S. Franssila, *Introduction to microfabrication*, 2. Aufl. (John Wiley & Sons, Chichester, 2010)
8. S. Büttgenbach, A. Dietzel, in *Dubbel – Taschenbuch für den Maschinenbau*, 24. Aufl., ed. by K.-H. Grote, J. Feldhusen (Springer, Berlin, 2014), S. S98
9. H. Seidel, L. Csepregi, A. Heuberger, H. Baumgärtel, Anisotropic etching of crystalline silicon in alkaline solutions. II. Influence of dopants. Journal of the Electrochemical Society **137**, 3626–3632 (1990)
10. M. Alavi, S. Büttgenbach, A. Schumacher, H.-J. Wagner, Sensors and Actuators. Fabrication of microchannels by laser machining and anisotropic etching of silicon **A32**, 299–302 (1992)
11. U. Triltsch, U. Hansen, S. Büttgenbach, CAD-Entwurfsumgebung für Mikrokomponenten. Technische Messen **70**, 244–250 (2003)

12. G. Wallis, D.I. Pomerantz, Field assisted glass-metal sealing. Journal of Applied Physics **40**, 3946–3949 (1969)
13. A. Plößl, G. Kräuter, Wafer direct bonding: tailoring adhesion between brittle materials. Materials Science and Engineering **R25**, 1–88 (1999)
14. J.H. Staudte, *Subminiature quartz tuning fork resonator* 27th Annual Symposium on Frequency Control, Cherry Hill, New Jersey. 1973), S. 50–54
15. L.M. Roylance, J.B. Angell, A batch-fabricated silicon accelerometer. IEEE Transactions on Electron Devices **26**, 1911–1917 (1979)
16. H. Bentin, M. Döring, W. Radtke, U. Rothgordt, Physical properties of micro-planar ink-drop generators. Journal of Imaging Technology **12**, 152–155 (1986)

LIGA-Verfahren

5

Röntgen-LIGA

Ende der 1970er-Jahre wurden im Kernforschungszentrum Karlsruhe (heute Karlsruher Institut für Technologie) Trenndüsen-Systeme zur Anreicherung von 235-Uran entwickelt [1]. Aufgrund ihrer extrem kleinen charakteristischen Abmessungen konnten die Trenndüsen nicht mit konventionellen feinmechanischen Verfahren hergestellt werden. Stattdessen wurde eine Fertigungsmethode entwickelt, die Röntgenlithografie (Kap. 2) mit GALVANOFORMUNG (galvanische Abscheidung metallischer Materialien) kombinierte [2]. Dieses Verfahren ist jedoch nicht auf die Fertigung von Trenndüsen beschränkt, sondern kann zur Herstellung einer Vielzahl von Mikrostrukturen angewendet werden [3]. Die Nutzung der parallelen Synchrotronstrahlung als „Licht"-Quelle erlaubt die „Tiefenbelichtung" des röntgenstrahlempfindlichen Resists (PMMA, **P**oly**m**ethyl**m**eth**a**crylat). Resiststrukturen bis zu 1 mm Höhe können mit einer Belichtungsschräge kleiner als 0,1° belichtet werden, so dass Aspektverhältnisse (Verhältnis von Tiefe beziehungsweise Höhe zu Breite der Struktur) von bis zu 100 : 1 ermöglicht werden. Der anschließende Galvanikprozess liefert metallische Strukturen mit entsprechendem Aspektverhältnis. Diese Metallstrukturen können als Formeinsätze zur Abformung von Polymeren dienen. Die abgeformten Polymerstrukturen können dann wiederum als Formeinsätze zur Galvanoformung benutzt werden, so dass sich ein kostengünstiger Fertigungsprozess zur Herstellung von Metallstrukturen ergibt. Die drei

Technik im Fokus, DOI 10.1007/978-3-662-49773-9_5

Prozessschritte **Li**thografie, **G**alvanoformung und **A**bformung haben dem Verfahren den Namen LIGA gegeben. Die Materialvielfalt und die hohen Aspektverhältnisse haben zu vielfältigen Anwendungen der LIGA-TECHNIK geführt, wie zum Beispiel Infrarotfilter, Mikrospektrometer, Mikrogetriebe und Zerstäuberdüsen (siehe zum Beispiel [4]).

Die Röntgentiefenlithografie wird als Proximity-Lithografie mit einem Abstand von einigen 10 µm zwischen Maske und Substrat durchgeführt. Der Grund dafür ist, dass abbildende Systeme für Röntgenstrahlung, die Voraussetzung für eine Projektionsbelichtung wären, unverhältnismäßig aufwendig sind und dass die Röntgenmasken eine hohe mechanische Empfindlichkeit aufweisen und bei Kontakt mit dem Substrat beschädigt werden können. Röntgenmasken bestehen aus einer dünnen Trägerfolie, die die durchtretende Strahlung nur wenig schwächt, und darauf aufgebrachten Absorberstrukturen, die die Röntgenstrahlung in den gewünschten Bereichen möglichst vollständig absorbieren. Die Trägerfolien bestehen daher aus Materialien mit niedriger Kernladungszahl, zum Beispiel Titan, Silizium oder Siliziumnitrid, die Absorberstrukturen aus Materialien mit hoher Kernladungszahl, üblicherweise Gold.

Die Gold-Absorberstrukturen werden galvanisch abgeschieden und müssen zur Belichtung von dicken Resistschichten (> 100 µm) eine Höhe von mehr als 10 µm aufweisen. Solche Strukturen können mit der notwendigen Genauigkeit und Kantensteilheit nur mit Hilfe des Liga-Verfahrens selbst hergestellt werden. Dazu werden Zwischenmasken mit Absorberstrukturen mit einer Höhe von etwa 3 µm verwendet, die mittels Fotolithografie, Elektronenstrahllithografie oder Ionenstrahlätzen hergestellt werden.

In Abb. 5.1 sind die Fertigungsschritte der Röntgen-LIGA-Technik dargestellt (siehe zum Beispiel [5]). Die Prozesskette besteht aus den folgenden grundsätzlichen Schritten:

- Herstellen einer Röntgen-Zwischenmaske mit etwa 3 µm hohen Gold-Absorberstrukturen, zum Beispiel mittels Elektronenstrahllithografie und galvanischer Abscheidung von Gold.
- Kopie der Zwischenmaske in eine Arbeitsmaske mit Gold-Absorberstrukturen mit einer Höhe > 10 µm mit dem Röntgen-LIGA-Verfahren.

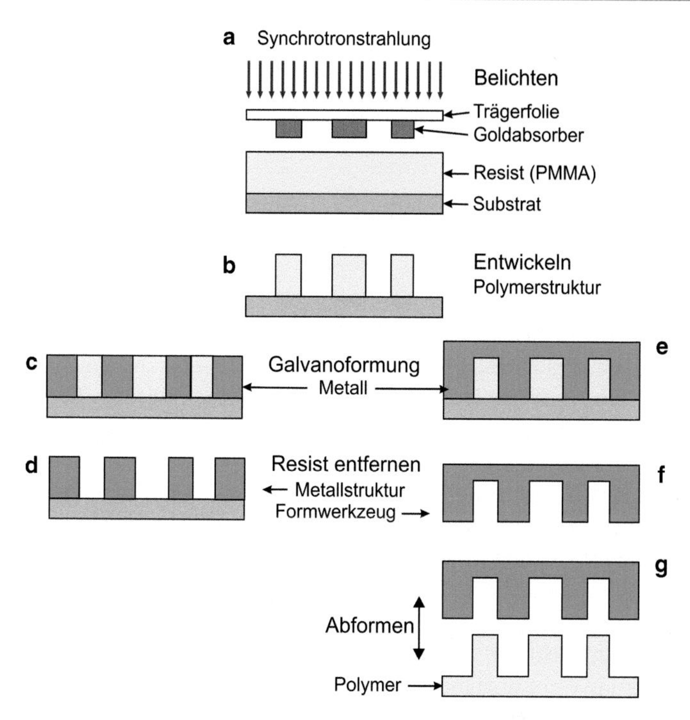

Abb. 5.1 Prozessschritte des Röntgen-LIGA-Verfahrens

- Herstellen von Resist-Strukturen mit hohen Aspektverhältnissen mittels Röntgentiefenlithografie (Abb. 5.1a, b).
- Herstellen von metallischen Mikrostrukturen durch galvanische Abscheidung von Metallen, zum Beispiel Gold, Nickel oder Kupfer, in diese Strukturen und anschließendes Entfernen des Resists (Abb. 5.1c, d).
- Alternativ: Herstellen eines Formwerkzeuges durch galvanisches Abscheiden von Nickel in die Resiststrukturen, Entfernen des Resists und Trennen des Nickelblocks vom Substrat (Abb. 5.1e, f).
- Großserienfertigung von Kunststoffmikrostrukturen mit hohen Aspektverhältnissen durch Abformung des Formwerkzeuges in thermoplastische Kunststoffe (Abb. 5.1g).

Beim Röntgen-LIGA-Verfahren handelt es sich um eine Nischentechnologie. Dies hat technische und Kostengründe [4]. Trotzdem ist das Potential für eine Großserienfertigung vorhanden.

UV-LIGA

Seit einigen Jahren tritt anstelle der Röntgentiefenlithografie die UV-Tiefenlithografie in den Vordergrund. In den 1990er-Jahren wurden neue UV-empfindliche Resists entwickelt, die in dicken Schichten (mehrere 10 µm bis mehrere 100 µm) aufgetragen und belichtet werden können, wobei Aspektverhältnisse bis zu 50 : 1 erreicht werden. Hierzu gehören unter anderem das Negativresist SU-8 und die Positivresists AZ4562 und AZ9260 [6]. Diese Fotoresists dienen wie das PMMA in der Röntgenlithografie als Material zur Herstellung von Formen zur galvanischen Metallabscheidung. Der Vorteil dieses UV-LIGA-Verfahrens liegt in der Nutzung kommerziell verfügbarer Fotolithografietechnik. Nachteilig sind die geringeren erreichbaren Aspektverhältnisse. Durch sequentielle Nutzung von UV-Lithografie und Mikrogalvanik können komplexe dreidimensionale Mikrostrukturen mit hohen Schichtaufbauten und Aspektverhältnissen realisiert werden.

Ein sehr wichtiges Anwendungsfeld der UV-LIGA-Technik ist die Realisierung elektromagnetischer Mikrosysteme: Mikromotoren [7] und -sensoren (Box 5.1). Viele magnetische Mikrosysteme beruhen auf Verfahren, zu deren Umsetzung mehrlagige Mikrospulen mit integrierter magnetflussführender Struktur benötigt werden. Abb. 5.2 zeigt auszugsweise den prinzipiellen Technologieablauf zur Herstellung einer zweilagigen Spule mit der UV-LIGA-Technik [8]:

- *Abb. 5.2a.* Zunächst wird auf dem Keramiksubstrat eine Kupfer-Startschicht (Cu) für den Galvanikprozess aufgesputtert und der weichmagnetische Kernboden aus Nickel-Eisen (NiFe) in eine Lackform aus AZ9260 galvanisch abgeschieden. Danach wird eine Isolationsschicht aus SU-8 aufgebracht. Auf dieser wird eine zweite Startschicht aufgesputtert und eine AZ-Lackform für die galvanische Abscheidung der unteren Spulenleiterbahnen hergestellt.
- *Abb. 5.2b.* Die unteren Leiterbahnen werden in die AZ-Lackform abgeschieden. Anschließend wird die Lackform entfernt und die Leiterbahnen in eine weitere isolierende Schicht aus SU-8 eingebettet.

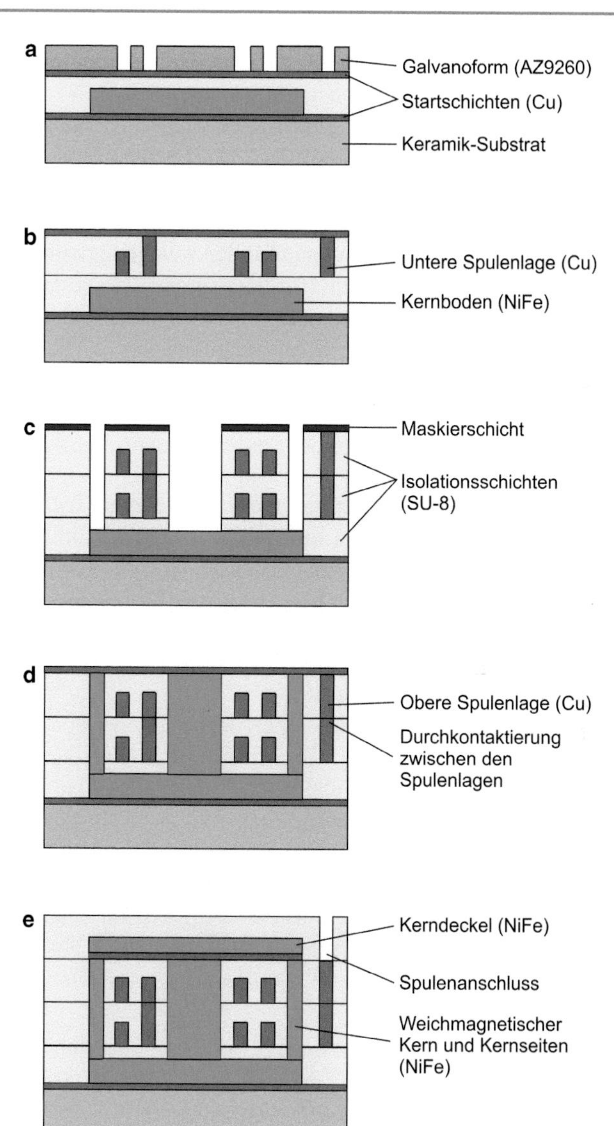

Abb. 5.2 Prozessschritte zur Herstellung einer zweilagigen Mikrospule mit der UV-LIGA-Technik. Zur Vereinfachung sind nur zwei Spulenwindungen dargestellt. (Nach Ohnmacht [8, S. 28–30])

Danach werden die Öffnungen für die Durchkontaktierungen strukturiert und eine weitere Startschicht aufgesputtert.
- *Abb. 5.2c.* Die oberen Spulenleiterbahnen werden galvanisch in eine AZ-Lackform abgeschieden und nach dem Entfernen der Lackform wird die Isolationsschicht für die obere Spulenlage hergestellt. Im nächsten Schritt wird eine Maskierschicht abgeschieden und strukturiert. Danach werden die Öffnungen für den weichmagnetischen Kern und die Kernseiten durch einen Trockenätzprozess hergestellt.
- *Abb. 5.2d.* Der Kern und die Kernseiten werden galvanisch abgeschieden und eine weitere Startschicht aufgesputtert.
- *Abb. 5.2e.* Der Kerndeckel wird galvanisch in eine AZ-Lackform abgeschieden und nach Entfernen der Lackform in eine SU-8-Schicht eingebettet. Abschließend wird der Spulenkontakt freigelegt.

Die LIGA-Verfahren zählen zusammen mit weiteren Techniken zur Herstellung von Mikrostrukturen mit hohen Aspektverhältnissen, zum Beispiel dem reaktiven Ionentiefenätzen (Kap. 7), zum Technologiegebiet HARMST (**H**igh **A**spect **R**atio **M**icro**s**tructure **T**echnology).

Box 5.1 Magnetische Mikrosysteme

Fluxgate-Magnetometer – auch unter dem Namen Förstersonde bekannt – können Betrag und Richtung von Magnetfeldern im Bereich von 10^{-10} Tesla (T) und 10^{-3} T (Erdmagnetfeld in Mitteleuropa etwa 5×10^{-5} T) bestimmen. Wichtige Anwendungen sind die Beobachtung des Erdmagnetfeldes, die Lageregelung von Satelliten, Gesteinsuntersuchungen und die Detektion von magnetischen Nanopartikeln in der Biomedizin. Kleine, leichte und integrierbare Fluxgate-Sensoren sind dabei häufig von Vorteil. Eine neue Anwendung ist die Winkelmessung, zum Beispiel in Robotergelenken.

Abb. 5.3 verdeutlicht die Funktionsweise. Das Magnetometer besteht aus einem weichmagnetischen Ringkern, um den eine Erreger- und eine Empfängerspule gewickelt sind. Dem zu messenden externen Magnetfeld H_{ext} wird ein sinusförmiges Magnetfeld überlagert, das durch einen Wechselstrom in der Erregerspule erzeugt wird und das den weichmagnetischen Kern periodisch bis zur Sättigung magnetisiert. Infolge der nichtlinearen Magnetisierungskurve des Kerns ist das in der Empfängerspule induzierte Signal nicht mehr sinusförmig, sondern es enthält Oberwellen. Die Amplitude der Schwingung mit der doppelten Erregerfrequenz ist hierbei dem zu messenden Feld direkt proportional. Eine ausführliche Erklärung des Fluxgate-Effektes findet sich in [9].

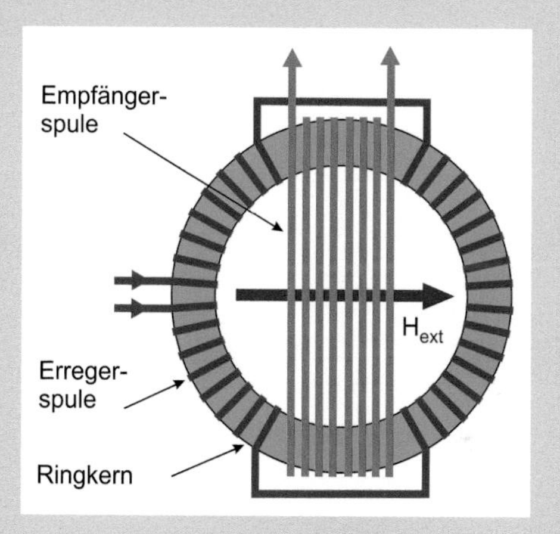

Abb. 5.3 Schematischer Aufbau eines Fluxgate-Sensors (*Draufsicht*)

Um ein miniaturisiertes Fluxgate-Magnetometer in Ringkernausführung zu realisieren, müssen Spulen aufgebaut werden, deren axiale Ausrichtung parallel zur Substratoberfläche verläuft. Hierzu bietet sich die UV-LIGA-Technik an, mit deren Hilfe dreidimensionale Helixspulen mit magnetischem Ringkern hergestellt werden können [10]. Typische Abmessungen von Mikro-Fluxgatesensoren liegen im Bereich von 5 bis 15 mm.

Abb. 5.4 zeigt einen Mikrorührer, der als aktiver Mikromischer in Mikrobioreaktoren (Kap. 9) genutzt werden kann [11]. Basis ist ein Mikrosynchronmotor, der mit Hilfe des UV-LIGA-Verfahrens gefertigt wird. Zur Herstellung des Stators (Abb. 5.4b)

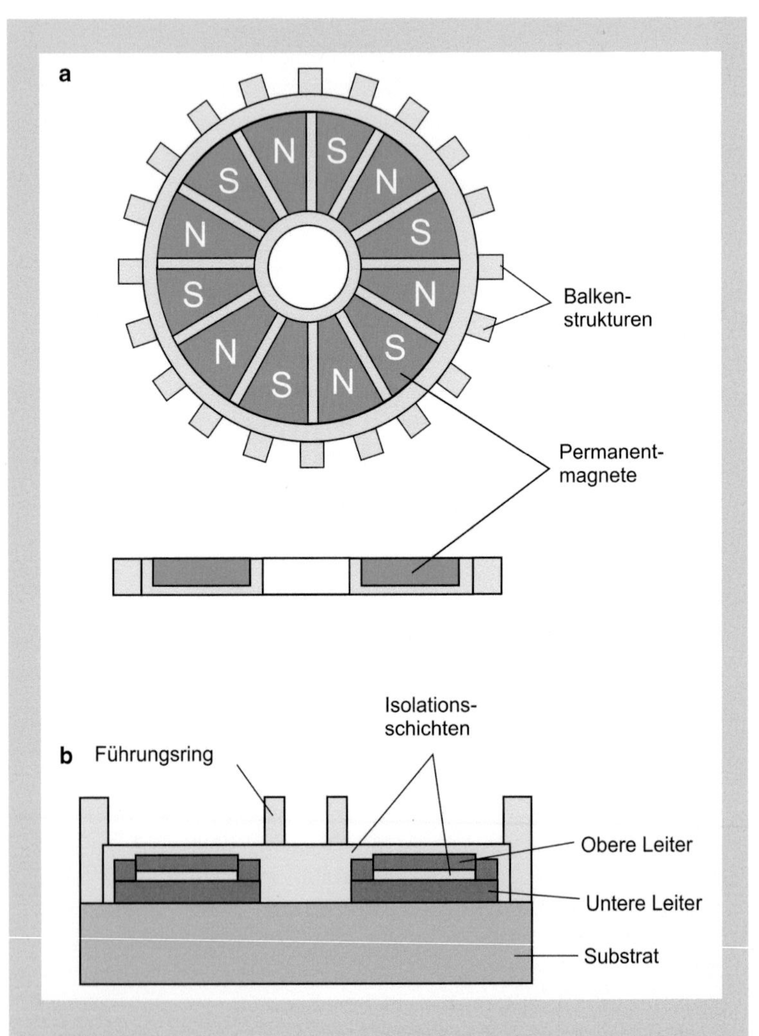

Abb. 5.4 Konzept des Mikrorührers: **a** Rotor in der Draufsicht (*oben*) und als Schnittdarstellung (*unten*), **b** Stator als Schnittdarstellung

werden auf einem Keramiksubstrat zweilagige Kupferspulen galvanisch abgeschieden, die in SU-8-Isolationsschichten eingebettet sind. Der Rotor (Abb. 5.4a) besteht aus einer SU-8-Scheibe, in die abwechselnd magnetisierte Permanentmagnete eingebracht werden. Die Spulen sind so miteinander verbunden, dass bei Erregung mit einem sinusförmigen Strom ein rotierendes Magnetfeld erzeugt wird, dem der Rotor synchron folgt. Maximale Drehraten liegen im Bereich von einigen 1000 Umdrehungen pro Minute. Zur Anwendung als Mikrorührer werden die Rotoren am Umfang mit Balkenstrukturen versehen. Der Durchmesser der Rotoren liegt zwischen 1 und 5 mm.

Zusammenfassung

Die LIGA-Technik ermöglicht es, Mikrostrukturen mit hohen Aspektverhältnissen aus metallischen Werkstoffen und Kunststoffen herzustellen. LIGA-Verfahren verbinden die Prozessschritte Tiefenlithografie, galvanische Abscheidung und Kunststoffabformung. Das Röntgen-LIGA-Verfahren nutzt die Röntgentiefenlithografie mit Synchrotronstrahlung, während die UV-LIGA-Technik UV-Fotolithografie verwendet. Das UV-LIGA-Verfahren erlaubt unter anderem die Herstellung magnetischer Mikrosensoren und -aktoren.

Literatur

1. E.W. Becker, P. Nogueira Batista, H. Völcker, Uranium enrichment by the separation nozzle method within the framework of German/Brazilian cooperation. Nuclear Technology **52**, 105–114 (1981)
2. E.W. Becker, W. Ehrfeld, D. Münchmeyer, H. Betz, A. Heuberger, S. Pongratz, W. Glashauser, H.J. Michel, R. v. Siemens, Production of separation-nozzle systems for uranium enrichment by a combination of X-ray lithography and galvanoplastics. Naturwissenschaften **69**, 520–523 (1982)
3. E.W. Becker, W. Ehrfeld, P. Hagmann, A. Maner, D. Münchmeyer, Fabrication of microstructures with high aspect ratios and great structural heights by synchrotron radiation lithography, galvanoforming, and plastic moulding (LIGA process). Microelectronic Engineering **4**, 35–56 (1986)

4. V. Saile, U. Wallrabe, O. Tabata, J.G. Korvink (Hrsg.), *LIGA and its applications* (Wiley-VCH, Weinheim, 2008)
5. R. Brück, N. Rizvi, A. Schmidt (Hrsg.), *Angewandte Mikrotechnik* (Hanser, München, 2001)
6. B. Loechel, Tick-layer resists for surface micromachining. Journal of Micromechanics and Microengineering **10**, 108–115 (2000)
7. S. Büttgenbach, Electromagnetic micromotors – design, fabrication and applications. Micromachines **5**, 929–942 (2014)
8. M. Ohnmacht, *Mikrotechnische Herstellung von Spulen und induktiven Sensoren* (Shaker, Aachen, 2002)
9. F. Primdahl, The fluxgate magnetometer. Journal of Physics E: Scientific Instruments **12**, 241–253 (1979)
10. J. Güttler, *Entwicklung eines gelenkintegrierten Winkelsensors für den Einsatz in hochdynamischen Parallelrobotern* (Shaker, Aachen, 2006)
11. A. Al-Halhouli, S. Demming, A. Waldschik, S. Büttgenbach, Implementation of synchronous micromotor in developing integrated microfluidic systems. Micromachines **5**, 442–456 (2014)

6 Oberflächenmikromechanik

In den 1980er-Jahren wurden intensiv Möglichkeiten zur Herstellung frei beweglicher Mikrostrukturen untersucht. Dies führte zur Entstehung der sogenannten Oberflächenmikromechanik. Im Gegensatz zur Volumenmikromechanik (Kap. 4), bei der das Substrat selbst strukturiert wird, werden bei dieser Technologie Mikrostrukturen aus dünnen Schichten auf der Oberfläche des Substrates erzeugt. Grundlage der Oberflächenmikromechanik ist die OPFERSCHICHTTECHNIK. Abb. 6.1 zeigt das Grundprinzip. Auf der Oberfläche des Substrates wird zunächst die Opferschicht abgeschieden und strukturiert. Sie bestimmt den Abstand zwischen dem Substrat und der Funktionsschicht, die im nächsten Schritt abgeschieden wird. Nach der Strukturierung der Funktionsschicht wird die Opferschicht durch selektives Ätzen entfernt. Dadurch werden die Teile der Funktionsschicht, die auf der Opferschicht abgeschieden waren, frei beweglich. Die Teile der Funktionsschicht, die mit der Oberfläche des Substrates verbunden sind, stellen eine Verankerung der freistehenden Mikrostrukturen dar.

Die vorzugsweise genutzte Materialkombination besteht aus Silizium als Substrat, Siliziumdioxid als Opferschichtmaterial und polykristallinem Silizium als Funktionsmaterial. Mit Ätzlösungen auf der Basis von Flusssäure (HF) kann Siliziumdioxid selektiv gegenüber Silizium geätzt werden. Aber auch andere Materialkombinationen sind möglich. Mit Hilfe der Opferschichttechnik kann eine Vielzahl unterschiedlicher Funktionsstrukturen hergestellt werden, wie zum Beispiel freistehende

Technik im Fokus, DOI 10.1007/978-3-662-49773-9_6

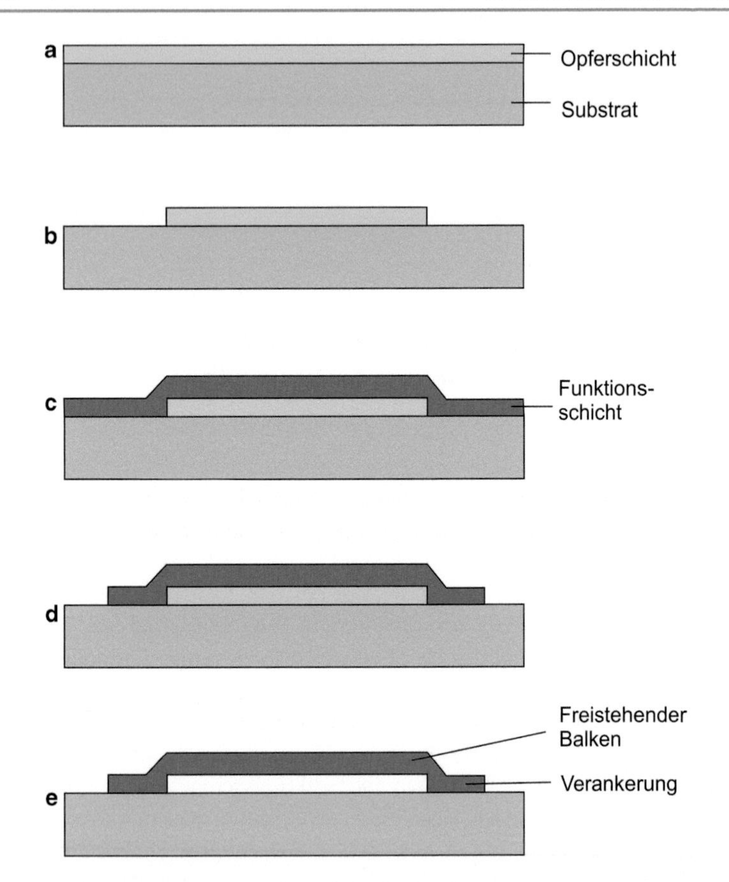

Abb. 6.1 Schematische Darstellung der Prozessschritte der Oberflächenmikromechanik (Beispiel: *freistehender Balken*): **a** Abscheiden der Opferschicht auf dem Substrat, **b** fotolithografische Strukturierung der Opferschicht, **c** Abscheiden der Funktionsschicht, **d** Strukturierung der Funktionsschicht, **e** Ätzen der Opferschicht

Balken, Brückenstrukturen und Hohlräume. Es können auch mehrere Opferschichten und Funktionsschichten auf dem Substrat abgeschieden werden. Dadurch ergeben sich weitere Designmöglichkeiten für komplexe frei bewegliche Mikrostrukturen, zum Beispiel planare elektrostatische Motoren.

Die Opferschichttechnik wurde 1967 erstmalig von Nathanson und Mitarbeitern [1] zur Herstellung eines in einen Transistor integrierten mikromechanischen Schwingungsbalkens benutzt und in den 1980er-Jahren „wiederentdeckt". Die ersten oberflächenmikromechanisch hergestellten Polysilizium-Bauelemente wurden 1983 von Howe und Muller [2] beschrieben. Mit der Vorstellung des ersten elektrostatischen Mikromotors im Jahr 1988 [3] und von kammförmigen Strukturen, die sich parallel zur Oberfläche des Substrates bewegen, im Jahr 1989 [4] begann die stürmische Entwicklung der Oberflächenmikromechanik.

In elektrostatischen Motoren wird mit Hilfe von elektrischen Feldern mechanische Arbeit erzeugt. Aufgrund hoher elektrischer Betriebsspannungen und eines schlechten Wirkungsgrades gibt es bisher keine praktischen Anwendungen. Im Gegensatz dazu haben die kammförmigen Strukturen mit einer Bewegungsrichtung parallel zur Substratoberfläche vielfältige Anwendungen gefunden, zum Beispiel in Beschleunigungssensoren (siehe Box 6.1), Drehratensensoren und mechanischen Frequenzfiltern.

Weil die Fertigungsprozesse der Polysilizium-Oberflächenmikromechanik kompatibel zu den Prozessen zur Herstellung von ICs sind, ist es möglich, oberflächenmikromechanische Sensoren mit einer mikroelektronischen Signalverarbeitung auf einem Chip zu integrieren und diese preisgünstig in großen Stückzahlen zu fertigen. In den frühen 1990er-Jahren wurden die ersten oberflächenmikromechanischen Beschleunigungssensoren entwickelt (siehe zum Beispiel [5]). Beschleunigungssensoren dieser Art finden sich heute in Kraftfahrzeugen als Basis für Airbags und elektronische Stabilitätsprogramme, in der Fernbedienung von Spielkonsolen und in Smartphones zur Registrierung von Bewegungen. Dadurch wird das Bedienen von Knöpfen oder Joysticks bei der Spielesteuerung ersetzt. In Smartphones wird das Display automatisch an die jeweilige Orientierung (Hoch- oder Querformat) angepasst.

Ein weiterer kommerzieller Erfolg der Oberflächenmikromechanik sind Mikrospiegelarrays, die in Videoprojektoren genutzt werden (siehe Box 6.1). Ein Mikrospiegelarray wurde erstmalig im Jahr 1993 vorgestellt [6]. Für jeden der 768×576 Bildpunkte diente ein elektrisch steuerbarer Mikrospiegel mit Abmessungen von $16\,\mu m \times 16\,\mu m$ zur Reflexion des einfallenden Lichtstrahls. Die Vorteile dieser Projektionstechnik sind sehr hohe Geschwindigkeit und hoher Kontrast.

Ebenfalls sehr erfolgreiche Produkte sind mikrotechnische Mikrofone, die in Hörgeräten, Mobiltelefonen und Tablet-Computern Anwendung finden. Ein mittels Silizium-Technologie hergestelltes MEMS-Kondensatormikrofon wurde erstmals 1984 von Hohm und Gerhard-Multhaupt beschrieben [7]. Eine elektrisch leitende dünne Membran befindet sich vor einer perforierten Gegenelektrode. Durch auftreffenden Schall wird die Membran zu Schwingungen angeregt, die die Kapazität zwischen Membran und Gegenelektrode verändern. Diese Kapazitätsänderungen werden elektronisch in ein elektrisches Signal umgewandelt. MEMS-Mikrofone werden mit unterschiedlichen Materialien und Technologien hergestellt, viele nutzen die Oberflächenmikromechanik und Membranen aus polykristallinem Silizium (siehe Box 6.1).

Box 6.1 Oberflächenmikromechanische Mikrosysteme

Beschleunigung wird, wie in Kap. 4 beschrieben, durch die Wirkung der Trägheitskraft auf eine elastisch aufgehängte Testmasse (seismische Masse) gemessen. Mit Hilfe einer Positionsmessung wird die bei Beschleunigung auftretende Verschiebung der seismischen Masse bestimmt. Alternativ wird mit Hilfe piezoresisitver Widerstände die durch die Verschiebung der Masse bewirkte Verformung der elastischen Aufhängung gemessen. Die zweite Variante wird bei dem in Kap. 4 beschriebenen volumenmikromechanischen Beschleunigungssensor angewendet. Die Verschiebung der seismischen Masse erfolgt dabei senkrecht zur Substratoberfläche. Bei oberflächenmikromechanischen Beschleunigungssensoren erfolgt die Verschiebung der Masse parallel zur Substratoberfläche, und es wird die Änderung der Position der Masse gemessen, im Allgemeinen mit einem kapazitiven Verfahren.

Abb. 6.2 zeigt schematisch den Aufbau. Die seismische Masse mit kammförmigen Elektroden ist über Federelemente mit Verankerungen verbunden. Zu beiden Seiten dieser beweglichen Elektroden befinden sich mit dem Substrat verbundene feste Elektroden. Eine bewegliche Elektrode bildet mit den beiden benachbarten festen Elektroden zwei Kapazitäten (C_1 und C_2), die sich bei Verschiebung der seismischen Masse gegensinnig ändern und einen sogenannten Differentialkondensator bilden. Durch Parallelschaltung der einzelnen Differentialkondensatoren ergibt sich eine ausreichend große Kapazität, deren Auswertung ein zur angelegten Beschleunigung proportionales elektrisches Ausgangssignal ergibt.

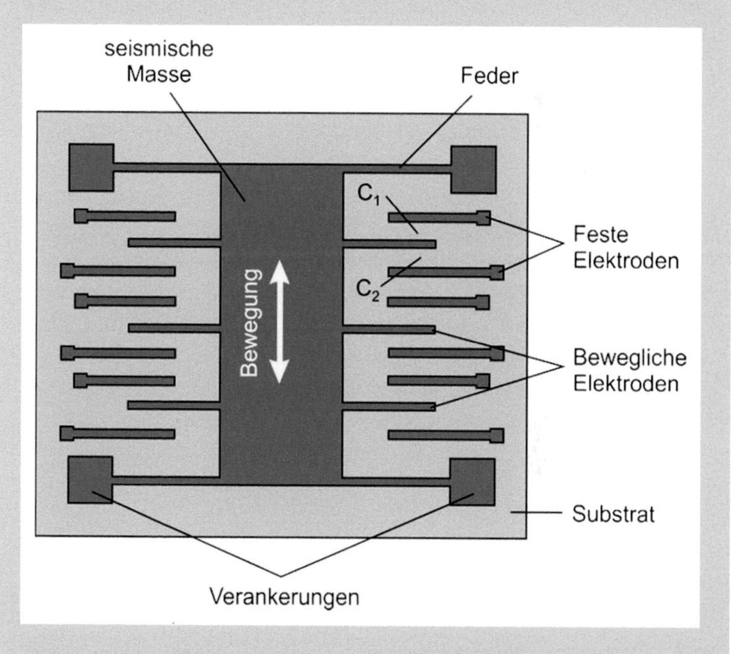

Abb. 6.2 Schematischer Aufbau eines Beschleunigungssensors hergestellt mittels Polysilizium-Oberflächenmikromechanik (*Draufsicht*)

Die Herstellung umfasst folgende Schritte: Auf dem Siliziumsubstrat wird zunächst eine dünne Schicht aus polykristallinem Silizium abgeschieden und fotolithografisch strukturiert. Diese Strukturen aus Polysilizium bilden die festen Elektroden. Anschließend wird die Opferschicht abgeschieden und strukturiert.

Darüber wird eine dicke (etwa 10 μm) Polysilizium-Funktionsschicht abgeschieden und strukturiert. Nach dem Ätzen der Opferschicht ist die seismische Masse mit den daran befindlichen Elektroden frei beweglich. Im letzten Schritt werden die elektrischen Verbindungen und Kontakte hergestellt. Auf dem in [5] beschriebenen Sensorchip sind der eigentliche Sensor und die Signalverarbeitung integriert. Der Chip hat Abmessungen von 3 mm × 3 mm, der eigentliche Sensor misst 600 μm × 700 μm.

Die Oberflächenmikromechanik ermöglicht die Entwicklung einer neuen optomechanischen Technik zur digitalen Projektion [6, 8]. Basis sind Mikrospiegelarrays (DMD, **D**igital **M**irror **D**evice). Die Spiegelarrays bestehen aus verkippbaren Mikrospiegeln, von denen jeder oberhalb einer Halbleiterspeicherzelle angeordnet ist. Abb. 6.3 zeigt schematisch den Aufbau einer einzelnen Pixelzelle. Sie besteht aus Stützpfosten für die Torsionsfedern, an denen das Spiegelelement aufgehängt ist, Adressierungselektroden und „Landeelektroden". Die Spiegel bestehen aus Aluminium. Entsprechend dem Inhalt der Speicherzelle (0 oder 1) wird an die eine oder die andere Adressierungselektrode eine positive Spannung gelegt, während der Spiegel auf negativem Potential liegt. Die Kraftwirkung des elektrischen Feldes lenkt den Spiegel dann in Richtung der positiven Elektrode aus. Jeder Spiegel lässt sich um einen bestimmten Winkel (beispielsweise $\pm 12°$) verstellen. Die beiden stabilen Endzustände werden durch die „Landeelektroden" bestimmt.

Die Spiegelarrays werden hergestellt, indem auf einem standardmäßig gefertigten Halbleiterspeicherchip zunächst die Adressierungselektroden erzeugt werden. Danach werden in einem Polymer-Aluminium-Oberflächenmikromechanik-Prozess die Mikrospiegel hergestellt. Nach dem Entfernen der Polymer-Opferschicht ergeben sich freistehende, mit Torsionsfedern an den Stützpfosten aufgehängte Mikrospiegel.

Zur Projektion werden die Spiegel zwischen den beiden voll ausgelenkten Positionen hin- und her bewegt. Im „Ein"-Zustand

(+12° Auslenkung) reflektiert der Spiegel das Licht einer Lichtquelle auf den Projektionsschirm. Im „Aus“-Zustand (−12° Auslenkung) wird das Licht auf einen Absorber gelenkt. Verschiedene Helligkeitsstufen der einzelnen Bildpunkte werden über die Dauer, die der entsprechende Spiegel geschaltet ist, erzeugt. Zur Farbdarstellung können drei Spiegelarrays zur Reflexion der Farben grün, rot und blau benutzt werden. Alternativ kann mit einem Spiegelarray gearbeitet werden, vor dem ein Farbrad rotiert, auf dem sich Farbfilter der Farben grün, rot und blau befinden.

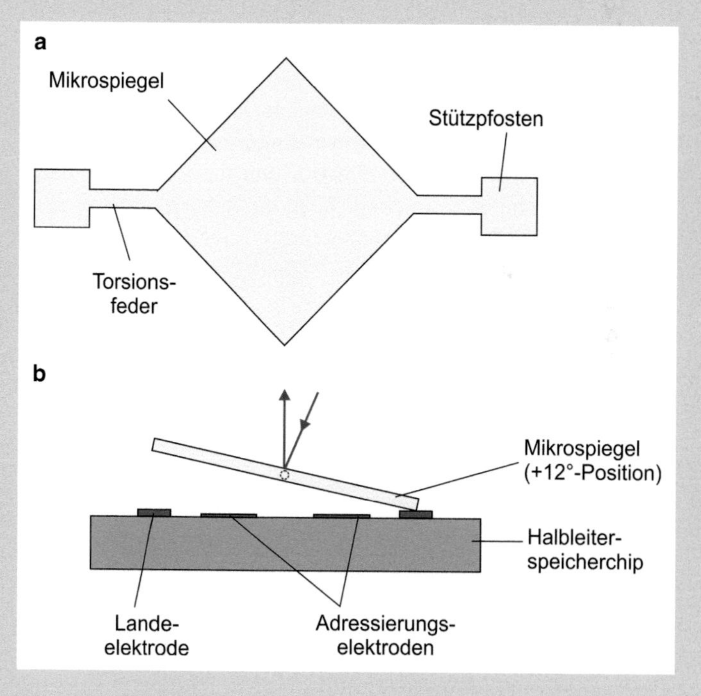

Abb. 6.3 Schematischer Aufbau und Funktionsprinzip einer einzelnen Mikrospiegelzelle (*Draufsicht* (**a**) und *Schnittdarstellung* (**b**))

Heute sind Mikrospiegelarrays verfügbar mit mehr als 4 Mio. Bildpunkten. Ein DMD-Array mit 1920 × 1080 Pixeln und einem Mikrospiegel-Pitch (Mittenabstand zwischen den Pixeln) von 5,4 µm hat eine Chipdiagonale von etwa 12 mm [9].

Die meisten MEMS-Mikrofone nutzen das kapazitive Funktionsprinzip, das zum Beispiel in [10] ausführlich dargestellt wird. Abb. 6.4 zeigt schematisch den prinzipiellen Aufbau eines MEMS-Mikrofons. Die wichtigsten Komponenten sind die Membran und die gelochte Gegenelektrode. Eine Vielzahl unterschiedlicher Designs und Herstellungstechnologien wurden entwickelt. Die Oberflächenmikromechanik bietet eine elegante Möglichkeit der Fertigung aus einem SOI (**S**ilicon-**o**n-**I**nsulator)-Wafer [11]. SOI-Wafer werden in der Mikroelektronik und Mikrosystemtechnik häufig als Ausgangsmaterial benutzt. Sie bestehen aus einem Basis-Silizium-Wafer. Darauf befindet sich eine elektrisch isolierende Schicht, häufig Siliziumdioxid, und darauf eine qualitativ hochwertige Schicht definierter Dicke aus einkristallinem Silizium. Es gibt eine Reihe von Herstellungsverfahren für SOI-Wafer (siehe zum Beispiel [12]).

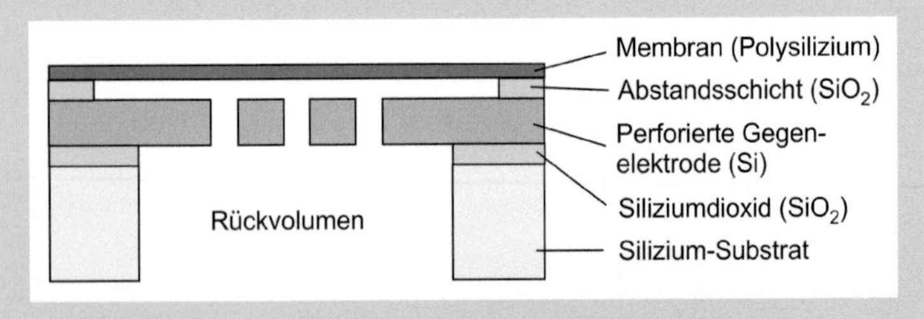

Abb. 6.4 Schematischer Aufbau eines MEMS-Mikrofons (*Schnittdarstellung*)

Bei der Herstellung des Mikrofons dient die obere Siliziumschicht des SOI-Wafers als Gegenelektrode. In diese Schicht werden Gruben geätzt, die späteren Öffnungen der Gegenelektrode. Darüber werden eine Siliziumdioxid-Schicht als Abstandsschicht und eine Schicht aus polykristallinem Silizium abgeschieden. Letztere bildet die Mikrofonmembran. Nach der elektrischen Kontaktierung von Membran und Gegenelektrode wird die Membran von der Rückseite her freigeätzt.

MEMS-Mikrofone-Gehäuse, die auch den IC zur Signalverarbeitung enthalten, haben Abmessungen in der Größenordnung von 4 mm × 3 mm × 1 mm [13].

Zusammenfassung

Um frei bewegliche Mikrostrukturen herzustellen, wurde in den 1980er-Jahren die Oberflächenmikromechanik eingeführt. Grundlage ist die Opferschichttechnik. Auf dem Substrat werden zunächst die Opferschicht und darüber die Funktionsschicht abgeschieden und strukturiert. Danach wird die Opferschicht durch einen Ätzprozess entfernt, so dass freistehende Strukturen entstehen. Die Oberflächenmikromechanik ist die Basis für viele erfolgreiche Produkte der Mikrosystemtechnik wie zum Beispiel Beschleunigungs- und Drehratensensoren, Mikrospiegelarrays und MEMS-Mikrofone.

Literatur

1. H.C. Nathanson, W.E. Newell, R.A. Wickstrom, J.R. Davis Jr., The resonant-gate transistor. IEEE Transactions on Electron Devices **14**, 117–133 (1967)
2. R.T. Howe, R.S. Muller, Polycrystalline and amorphous silicon micromechanical beams: annealing and mechanical properties. Sensors and Actuators **4**, 447–454 (1983)
3. L.-S. Fan, Y.-C. Tai, R.S. Muller, *IC-processed electrostatic micro-motors* International Electron Devices Meeting (IEDM). Technical Digest. 1988), S. 666–669
4. W.C. Tang, T.-C. Nguyen, R.T. Howe, Laterally driven polysilicon resonant microstructures. Sensors and Actuators **20**, 25–32 (1989)
5. K.H.L. Chau, S.R. Lewis, Y. Zhao, R.T. Howe, S.F. Bart, R.G. Marcheselli, *An integrated force-balanced capacitive accelerometer for low-g applications* Technical Digest of the 8th International Conference on Solid-State Sensors and Actuators, Stockholm, Schweden. 1995), S. 593–596
6. J.M. Younse, Mirrors on a chip. IEEE Spectrum **30**, 27–31 (1993)

7. D. Hohm, R. Gerhard-Multhaupt, Silicon-dioxide electret transducer. Journal of the Acoustical Society of America **75**, 1297–1298 (1984)
8. P.F. van Kessel, L.J. Hornbeck, R.E. Meier, M.R. Douglass, A MEMS-based projection display. Proceedings of the IEEE **86**, 1687–1704 (1998)
9. Texas Instruments, *DLP Products & MEMS*. http://www.ti.com/lsds/ti/analog/dlp/overview.page, Zugegriffen: 27. Mai 2016
10. P.R. Scheeper, A.G.H. van der Donk, W. Olthuis, P. Bergfeld, A review of silicon microphones. Sensors and Actuators A **44**, 1–11 (1994)
11. J.W. Weigold, T.J. Brosnihan, J. Bergeron, X. Zhang, *A MEMS condenser microphone for consumer applications* 19th IEEE International Conference on Micro Electro Mechanical Systems, Istanbul, Türkei. 2006), S. 86–89
12. J.-P. Colinge, *Silicon-on-insulator technology: materials to VLSI*, 3. Aufl. (Springer Science+Business Media, New York, 2004)
13. J. Widder, A. Morcelli, Basic principles of MEMS microphones, EDN Network Technical Article 2014). http://www.edn.com/design/analog/4430264/Basic-principles-of-MEMS-microphones-, Zugegriffen: 27. Mai 2016

7 Reaktives Ionentiefenätzen

Silizium-Mikrostrukturen mit hohen Aspektverhältnissen und steilen Seitenwänden werden in vielen mikrosystemtechnischen Produkten benötigt. Bei der nasschemischen anisotropen Ätztechnik mit KOH und anderen basischen Lösungen (Kap. 4) bestimmen die Kristallebenen die Geometrie der entstehenden Mikrostruktur. Tiefe, enge Kanäle können zum Beispiel mit dieser Technologie nicht hergestellt werden.

Die in der Fertigung von ICs benutzte reaktive Ionenätztechnik (RIE, **R**eactive **I**on **E**tching) hat sich gut bewährt und besitzt keine geometrischen Einschränkungen. Reaktives Ionenätzen wird in einem Planarreaktor durchgeführt (Abb. 7.1a), der ähnlich aufgebaut ist wie eine Sputteranlage. Die Hochfrequenzspannung wird über einen Kondensator an die Kathode gekoppelt, die als Substrathalter dient. Die mit der Prozesskammer verbundene Anode liegt auf Massepotential. Das Self-Bias-Potential (Kap. 2) bildet sich daher an der Kathode aus, so dass die Ionen auf die Substrate beschleunigt werden. Der Druck im Reaktor liegt zwischen 0,1 und 10 Pa. Als Prozessgase werden überwiegend chlor- und fluorhaltige Verbindungen genutzt. Im Plasma werden reaktive, das heißt ätzaktive Teilchen und Ionen gebildet. Der Ätzvorgang basiert auf der Kombination des chemischen Angriffs der ätzaktiven Teilchen und des physikalischen Angriffs der auf die Kathode beschleunigten Ionen. Das bedeutet, dass der chemische Ätzvorgang in Richtung des Teilchenbeschusses verstärkt wird. Dadurch ergibt sich ein anisotropes Ätzprofil mit isotroper Komponente. Reaktives Ionenätzen eignet sich jedoch nur

Technik im Fokus, DOI 10.1007/978-3-662-49773-9_7

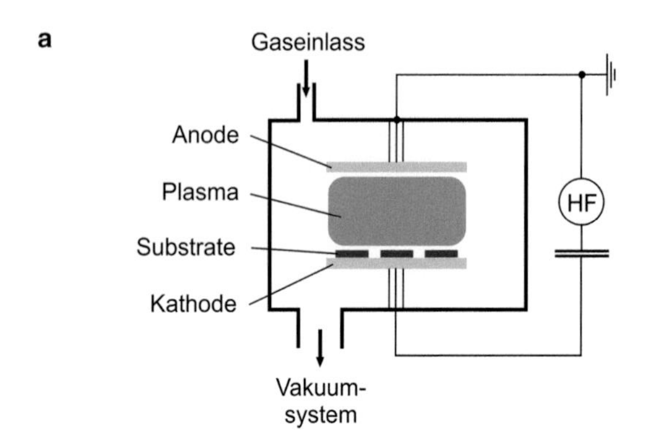

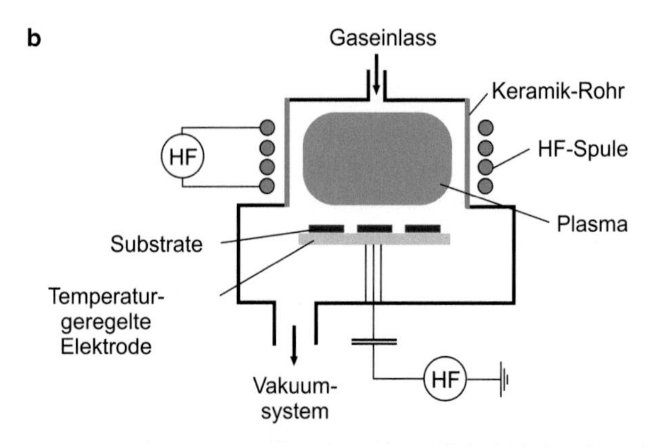

Abb. 7.1 Schematischer Aufbau **a** einer RIE-Ätzanlage und **b** einer DRIE-Ätzanlage

zum Ätzen von Schichten von wenigen Mikrometern Dicke. Die Ätzraten sind im Allgemeinen so niedrig (typischerweise $< 1\,\mu m/min$), dass sie sich nicht zum Tiefenätzen von Strukturen von einigen $10\,\mu m$ bis zu einigen $100\,\mu m$ Tiefe eignen.

Einen Durchbruch brachte die 1994 von F. Lärmer und A. Schilp entwickelte Technik des reaktiven Ionentiefenätzens [1]. Diese Technik ist auch bekannt unter den Namen DRIE (**D**eep **R**eactive **I**on **E**tching) und ASE (**A**dvanced **S**ilicon **E**tching).

Um höhere Ätzraten zu erzielen als bei Standard-RIE-Prozessen wird ein induktiv gekoppeltes Plasma (ICP, **I**nductively **C**oupled **P**lasma) verwendet, um die Dichte der reaktiven Teilchen zu erhöhen. Bei diesem Verfahren [2, 3] wird die Energie zur Erzeugung reaktiver Teilchen induktiv mit Hilfe einer Hochfrequenzspule in die Plasmaquelle eingekoppelt (Abb. 7.1b). Damit kann ein sehr dichtes Plasma erzeugt werden. Zusätzlich wird mit einer zweiten Hochfrequenzquelle die Substratelektrode auf das gewünschte Bias-Potential aufgeladen. Plasmadichte und Energie der auf die Substrate auftreffenden Ionen können daher unabhängig voneinander gesteuert werden. Ätzraten von $> 10\,\mu m/min$ können erreicht werden [4].

Das reaktive Ionentiefenätzen von Silizium ist ein Zwei-Schritt-Prozess (Abb. 7.2). Es beruht auf dem Ätzen von Silizium in einem SF_6-Plasma (Schwefelhexafluorid) und der Passivierung der Seitenwände mit einer teflonartigen Polymerschicht in einem C_4F_8-Plasma (Octafluorcyclobutan). Ätzschritte und Passvierungsschritte werden abwechselnd durchgeführt. Während des Ätzschrittes wird SF_6 in einem Trägergas (im Allgemeinen Argon) in einen Plasmareaktor, in dem sich die zu ätzenden Substrate befinden, eingeleitet. Im Plasma entstehen aus dem SF_6 angeregte Fluoratome, die ätzaktiven Teilchen, die das Silizium in einem RIE-Prozess mit hoher Ätzrate abtragen. Nach kurzer Ätzzeit (einige Sekunden) wird im C_4F_8-Plasma eine Polymer-Passivierungsschicht auf allen Substratflächen abgeschieden, insbesondere auf den Seitenwänden und dem Boden der zu ätzenden Struktur. Im nächsten Ätzschritt werden die ebenfalls im Plasma entstehenden positiven Argon-Ionen durch die negative Vorspannung auf das Substrat beschleunigt. Da sie nahezu senkrecht auf den Substraten auftreffen, wird die Polymerschicht am Boden der Strukturen deutlich schneller abgetragen als an den Seitenwänden, so dass dort der Ätzprozess mit Fluor-Radikalen fortschreiten kann. Die Seitenwände werden durch die Polymerschicht geschützt. Beide Prozessschritte werden solange wiederholt, bis die gewünschte Ätztiefe erreicht ist. Mit dieser Technik können Silizium-Mikrostrukturen mit Aspektverhältnissen größer 50 : 1 und Seitenwänden mit einem Winkel von $90° \pm 2°$ hergestellt werden. Infolge der isotropen Komponente des RIE-Ätzschrittes entsteht an den Seitenwänden der Struktur ein leichtes Wellenmuster.

Eine Hauptanwendung des reaktiven Silizium-Tiefenätzens ist die Strukturierung dicker polykristalliner Siliziumschichten (10–20 µm) in

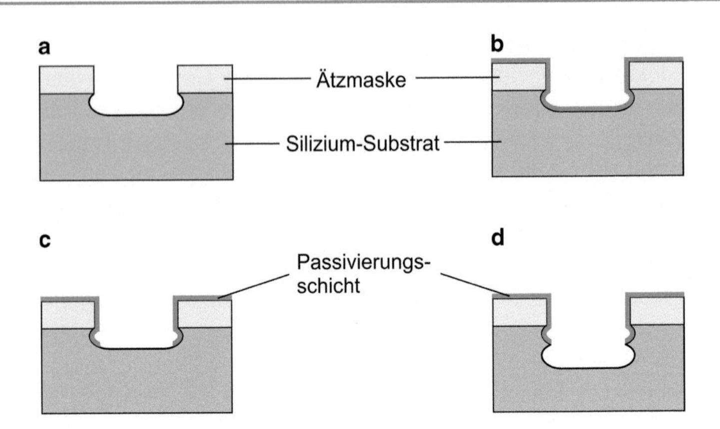

Abb. 7.2 Schematische Darstellung des DRIE-Prozesses: **a** Ätzen im SF_6-Plasma; **b** Passivierung im C_2F_8-Plasma; **c–d** Ätzen im SF_6-Plasma, Entfernung der Passivierungsschicht durch senkrecht auftreffende Ionen und Ätzen des Siliziums durch reaktive Fluor-Ionen. (Nach Chollet und Liu [2, S. 107])

der Oberflächenmikromechanik. Übliche polykristalline Siliziumschichten haben eine Dicke von wenigen Mikrometern. Die größere Dicke führt zu robusteren Sensorstrukturen [5]. Weitere Anwendungen ergeben sich in der Mikrosystemtechnik (Box 7.1). In der Mikroelektronik können tiefe Gräben für Speicherkondensatoren und leitfähige Kanäle mit hohen Aspektverhältnissen hergestellt werden.

Außer Silizium lassen sich auch andere Materialien, wie zum Beispiel Glas [6], Piezokeramik [7] und PMMA [8] mittels reaktivem Ionentiefenätzen strukturieren.

Box 7.1 Mikrolinearführung

Mikrolinearführungen dienen der Führung des Läufers in elektromagnetischen Mikrolinearmotoren (siehe zum Beispiel [9]). In Gleitführungen gewinnen Reibkräfte mit kleiner werdenden Abmessungen zunehmend an Bedeutung und können wegen der geringen Antriebskräfte in Mikromotoren zu einem Versagen des Motors führen. Aktive Führungen, die ein freies Schweben des

Schlittens bewirken, zum Beispiel Magnetführungen oder luftgelagerte Führungen, vermeiden die in Gleitführungen auftretenden Reibkräfte. Sie sind jedoch kompliziert in der Herstellung. Je nach Anwendung kann es daher sinnvoll sein, Gleitführungen zu nutzen und die Reibkräfte durch konstruktive Maßnahmen zu reduzieren.

Abb. 7.3b zeigt schematisch eine Gleitführung aus Silizium, bei der der Grundkörper mittels DRIE hergestellt wurde [10]. Die Kontaktflächen zwischen Grundkörper und Schlitten bilden Mikrostrukturen mit einem Durchmesser von 10 µm, die sich auf der Stirnseite der zylinderförmigen Tragstrukturen (Durchmesser 200 µm) befinden. Der Grundkörper wird in zwei fotolithografischen Schritten hergestellt. Zunächst werden die Mikrostrukturen auf dem Silizium-Substrat strukturiert. Danach werden die Tragstrukturen mit einem DRIE-Prozess gefertigt. Mit diesem Design kann der Reibkoeffizient gegenüber einer Linearführung, bei der Grundkörper und Schlitten nasschemisch anisotrop geätzt werden (Abb. 7.3a), deutlich reduziert werden [10].

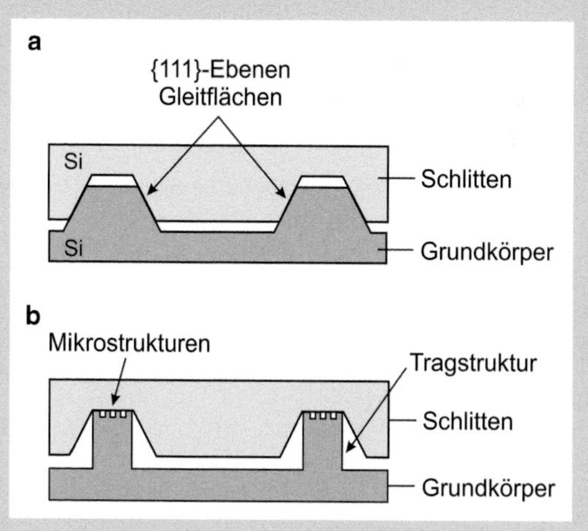

Abb. 7.3 Schnittdarstellung von Mikrolinearführungen hergestellt **a** mittels nasschemischer anisotroper Ätztechnik und **b** mittels DRIE-Ätztechnik. (Nach Phataralaoha et al. [10, S. 92])

Zusammenfassung
Eine Weiterentwicklung des reaktiven Ionenätzens (RIE), das reaktive Ionentiefenätzen (DRIE), erlaubt die Herstellung von Mikrostrukturen in Silizium mit Aspektverhältnissen größer 50:1 und steilen Seitenwänden. Dabei können Ätzraten von > 10 µm/min und Strukturtiefen von einigen 100 µm erreicht werden. Hauptanwendungsgebiet ist die Fertigung von Mikrosystemen. Auch andere Materialien können mit DRIE mikrostrukturiert werden.

Literatur

1. F. Lärmer, A. Schilp, Patentschrift DE 4241045, *Verfahren zum anisotropen Ätzen von Silicium*, Prioritätsdatum: 5. Dezember 1992.
2. F. Chollet, H. Liu, A (not so) short introduction to micro electromechanical systems, Version 3.0 2009). http://www.austincc.edu/jtiede/Files/Intro%20MEMS%20Book%20V2.pdf, Zugegriffen: 27. Mai 2016
3. O.A. Popov (Hrsg.), *High density plasma sources: design, physics and performance* (Noyes Publications, Park Ridge, 1995)
4. F. Lärmer, A. Urban, Challenges, developments and applications of silicon deep reactive ion etching. Microelectronic Engineering **67–68**, 349–355 (2003)
5. M. Offenberg, F. Lärmer, B. Elsner, H. Münzel, W. Riethmüller, *Novel process for a monolithic integrated accelerometer* Technical Digest of the 8th International Conference on Solid-State Sensors and Actuators, Stockholm, Schweden. 1995), S. 589–592
6. X. Li, T. Abe, M. Esashi, Deep reactive ion etching of pyrex glass using SF_6 plasma. Sensors and Actuators A **87**, 139–145 (2001)
7. S. Wang, X. Li, K. Wakabayashi, M. Esashi, Deep reactive ion etching of lead zirconate titanate using sulfur hexafloride gas. Journal of the American Ceramic Society **82**, 1339–1341 (1999)
8. C. Zhang, C. Yang, D. Ding, Deep reactive ion etching of commercial PMMA in O2/CHF3, and O2/Ar-based discharges. Journal of Micromechanics and Microengineering **14**, 663–666 (2004)
9. S. Büttgenbach, A. Burisch, J. Hesselbach (Hrsg.), *Design and manufacturing of active microsystems* (Springer, Heidelberg, 2011)
10. A. Phataralaoha, R. Bandorf, G. Bräuer, S. Büttgenbach, Friction behavior in microsystems, in *Design and manufacturing of active microsystems*, ed. by S. Büttgenbach, A. Burisch, J. Hesselbach (Springer, Heidelberg, 2011), S. 89–108

Softlithografie

8

Die SOFTLITHOGRAFIE wurde Ende der 1990er-Jahre von Y. Xia und G. M. Whitesides begründet [1]. Sie bezeichnet eine Gruppe von Verfahren, mit denen hochaufgelöste Strukturen in einem Größenbereich von etwa 30 nm bis 500 μm hergestellt werden können. Softlithografie erweitert die Möglichkeiten der Fotolithografie. Sie basiert auf Techniken, die eine Reliefstruktur aus elastischem, mechanisch weichem (englisch: mechanically soft) Material als Elastomer-Werkzeug (Stempel oder Gussform) nutzen. Um die Reliefstrukturen herzustellen, wird eine Mutterform (Master) aus hartem Material, zum Beispiel SU-8 oder Silizium, mit dem elastischen Material abgeformt.

Der für die Herstellung von Elastomer-Werkzeugen am häufigsten benutzte Werkstoff ist **Po**ly**dim**ethyl**s**iloxan (PDMS). Es ist ein Polymer auf Siliziumbasis und zeichnet sich aus durch niedrige Materialkosten, optische Transparenz im Wellenlängenbereich von 240 bis 1100 nm, Biokompatibilität und thermische Stabilität bis etwa 200 °C [2]. Darüber hinaus ist PDMS chemisch inert und gasdurchlässig. Deshalb kann es in Mikrobioreaktoren (Kap. 9) als gasdurchlässige Membran zur passiven Sauerstoffversorgung dienen. Grundsätzlich ist PDMS hydrophob (wasserabweisend). Durch Oxidation in einer Plasmaentladung kann die Oberfläche für eine kurze Zeit (etwa 30 min) hydrophil (wasseranziehend) gemacht werden. Dies erlaubt eine Bond-Verbindung mit anderen hydrophilisierten PDMS- oder Glasstrukturen und damit die Herstellung von Systemen, die aus mehreren Ebenen bestehen.

Technik im Fokus, DOI 10.1007/978-3-662-49773-9_8

Der softlithografische Prozess gliedert sich in zwei Schritte. Der erste Schritt besteht aus der Herstellung des Masters und der anschließenden Abformung des Stempels oder der Gussform. Der Master wird mittels Fotolithografie oder direkt strukturierenden Verfahren (Kap. 10) gefertigt. Im Allgemeinen kann der Master mehrfach zur Abformung benutzt werden. Abb. 8.1 stellt den Herstellungsprozess eines Elastomer-Werkzeugs schematisch dar. Der flüssige Polymervorläufer wird auf den Master aufgetragen. Polymervorläufer sind lösliche und plastisch verarbeitbare Verbindungen, die als Vorprodukte zur Synthese von Polymeren eingesetzt werden. Der Polymervorläufer wird nach der Formgebung durch eine thermisch ausgelöste Reaktion in das Zielelastomer überführt (Härten). Nach dem Härten wird das Elastomer vom Master abgezogen.

In einem zweiten Schritt wird das Elastomer-Werkzeug zur Herstellung von Mikro- und Nanostrukturen benutzt. Wichtige Techniken sind Mikrokontaktdrucken (μCP, **M**icr**o**-**C**ontact **P**rinting), Replikatformen (REM, **Re**plica **M**olding), Mikrotransferformen (μTM, **M**icro-**t**ransfer **M**olding) und Mikroformen in Kapillaren (MIMIC, **Mi**cro**m**olding **i**n **C**apillaries). Abb. 8.2 zeigt schematisch die entsprechenden Prozessschritte unter Nutzung von PDMS-Stempeln und -Gussformen.

Beim Mikrokontaktdrucken (Abb. 8.2a) wird das Elastomer-Werkzeug als Mikrostempel benutzt. Dieser wird zunächst in eine „Tinte“,

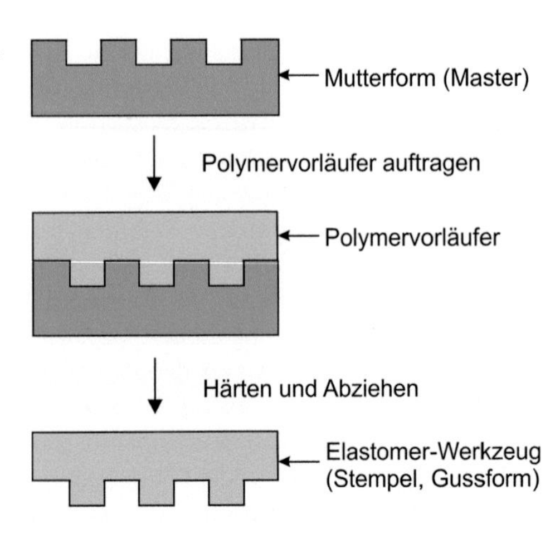

Abb. 8.1 Schematische Darstellung der Prozessschritte zur Herstellung eines Elastomer-Werkzeugs

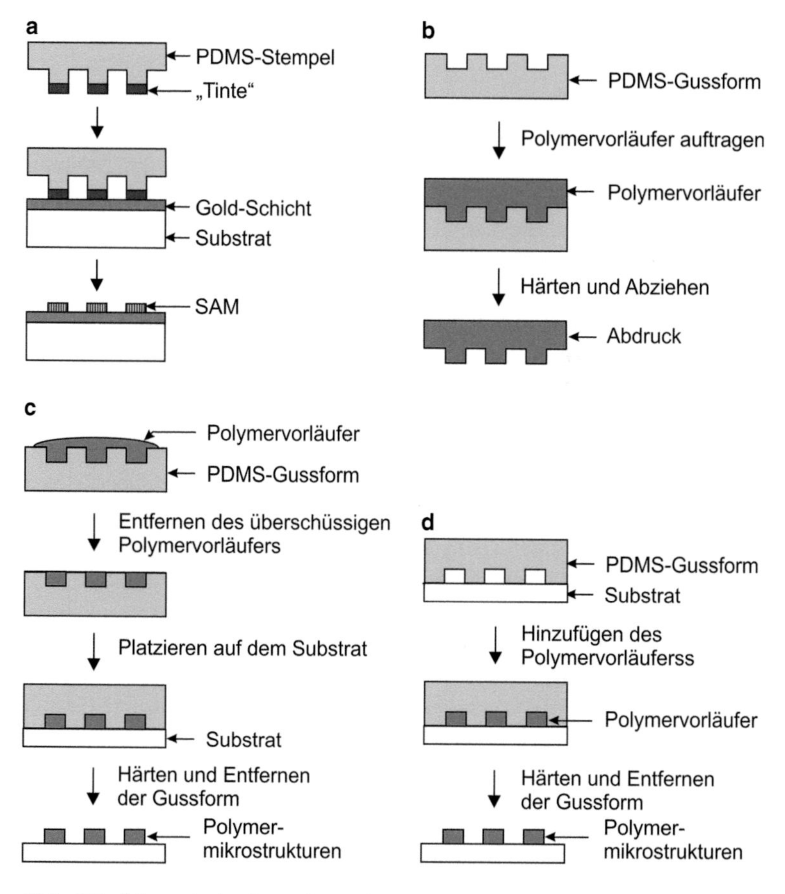

Abb. 8.2 Schematische Darstellung der Prozessschritte für **a** das Mikrokontaktdrucken, **b** das Replikatformen, **c** das Mikrotransferformen, **d** das Mikroformen in Kapillaren

zum Beispiel Alkanthiol, eingetaucht und dann in Kontakt mit dem Substrat gebracht, wobei die „Tinte“ auf das Substrat übertragen wird. Ein großer Vorteil ist, dass eine Mustererzeugung auch auf nicht-ebenen Oberflächen möglich ist. Mittels Mikrokontaktdrucken können insbesondere strukturierte selbstorganisierende Monoschichten (SAMs, **S**elf-

Assembled Monolayers) mit unterschiedlichen chemischen Funktionen hergestellt werden. SAMs sind Schichten mit einer Schichthöhe von nur einem Molekül, die sich durch Adsorption und Selbstorganisation von organischen Molekülen auf geeigneten Substratoberflächen bilden. Selbstorganisation bezeichnet die spontane Anordnung von Molekülen in eine stabile Struktur. Die bekanntesten Systeme sind Alkanthiol-SAMs auf Goldoberflächen. Alkanthiole ($CH_3(CH_2)_nSH$) sind organische Verbindungen ähnlich den Alkoholen, bei denen im Vergleich zu den Alkoholen die Sauerstoffatome durch Schwefelatome ersetzt sind. Strukturierte SAMs finden unter anderem Anwendung als ultradünne Schutzschichten bei nasschemischen Ätzprozessen oder als Maskierschichten beim Abscheiden anderer Materialien. Häufig wird das Mikrokontaktdrucken in Biologie und Biochemie eingesetzt [3].

Eine weitere Anwendung von Mikrostempeln ist die Erzeugung von Mikroplasmen zur gemusterten Funktionalisierung von Oberflächen (Box 8.1).

Beim Replikatformen (Abb. 8.2b) wird das Elastomer-Werkzeug als nichtstarre Gussform verwendet. Es kann eine Vielzahl von polymeren Werkstoffen abgeformt werden. Dazu gehören unter anderem biokompatible Polymere wie Agar-Agar, ein Polymer, das aus Meeralgen gewonnen wird. Die Verwendung einer elastischen Gussform anstelle einer Gussform aus hartem Material bietet die Möglichkeit, Größe und Gestalt des Abdrucks durch mechanische Deformation zu beeinflussen. Dies erlaubt die Herstellung von Mikro- und Nanostrukturen mit komplexer Geometrie. Beispiele sind Oberflächen mit optischen Funktionen wie Beugungsgitter und Mikrolinsen.

Auch beim Mikrotransferformen (Abb. 8.2c) wird das Elastomer-Werkzeug als Gussform verwendet. Diese wird mit dem flüssigen Polymervorläufer befüllt. Nach der Entfernung des überschüssigen Polymervorläufers wird die gefüllte Gussform auf dem Substrat platziert. Der Polymervorläufer wird gehärtet und die Gussform entfernt. Wie beim Replikatformen kann die Gussform mehrfach verwendet werden. Mit Mikrotransferformen können Mikrostrukturen auf ebenen und nichtebenen Oberflächen erzeugt werden, zum Beispiel optische Wellenleiter, Koppler und Interferometer.

Mikroformen in Kapillaren (Abb. 8.2d) ist ebenfalls eine softlithografische Methode, um dreidimensionale Mikrostrukturen auf ebenen und gewölbten Oberflächen zu erzeugen. Die Gussform wird in Kontakt mit dem Substrat gebracht. Anschließend wird der Polymervorläufer an den offenen Enden der Kanäle aufgetragen, und die Kanäle füllen sich infolge von Oberflächenspannungen, die in den Kanälen auftreten (Kapillarkräfte). Alternativ kann der Polymervorläufer auch in die Kanäle gesaugt werden. Isolierte Strukturen können mit diesem Verfahren nicht hergestellt werden, sondern es wird ein hydraulisch verknüpftes Kanalnetzwerk benötigt.

Die Vorteile der Soft-Lithografie liegen darin, dass es sich um schnelle, einfache und kostengünstige Verfahren handelt, mit denen auch Nanostrukturen auf nichtebenen Oberflächen erzeugt werden können. Außerdem kann eine große Bandbreite an Materialien strukturiert werden. Anwendungen findet die Softlithografie vorwiegend in den Bereichen Photonik (Anwendungen von optischen Technologien zur Übertragung und Verarbeitung von Informationen), MIKROFLUIDIK und Lab-on-a-Chip (Chip-Labor, Kap. 9).

Box 8.1 Mikroplasma-Stempel zur selektiven Funktionalisierung von Oberflächen

Ein Beispiel für die Anwendung von Mikrostempeln ist die selektive Funktionalisierung von Oberflächen mit Hilfe von Mikroplasmen. Dazu werden PDMS-Stempel benutzt, die durch Abformen eines SU-8-Masters hergestellt werden. Die Stempel besitzen einen Durchmesser von einigen Zentimetern und verfügen über kreisförmig angeordnete zylindrische Strukturen mit einem Durchmesser von 100–500 µm und einer Höhe von 350 µm (Abb. 8.3). Die Stempel werden auf Glasträger gebondet, auf deren Rückseite sich Goldelektroden befinden. Durch Anpressen des Stempels auf das zu behandelnde Substrat entstehen geschlossene Mikrohohlräume, in denen durch Anlegen einer Hochspannung zwischen der Goldelektrode und der Gegenelektrode Plasmen gezündet werden [4]. Eine Anwendung der so erzeugten Mikroplasmen ist eine punktuelle Aminofunktionalisierung einer Substratoberfläche in einem Stickstoff/Wasserstoff-Plasma. Aminofunktionalisierung bedeutet Modifikation einer Oberfläche mit Aminogruppen ($-NH_2$).

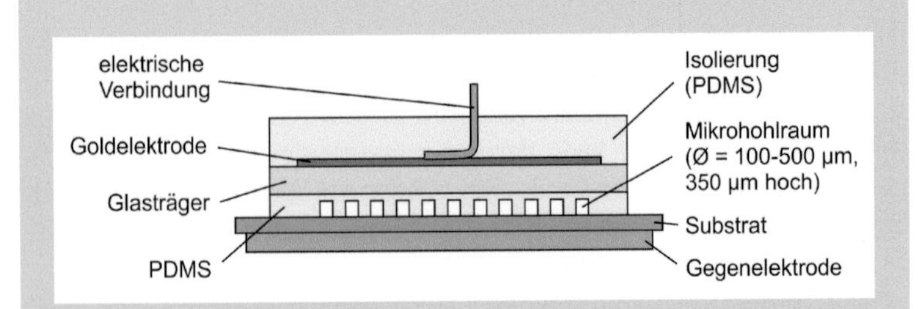

Abb. 8.3 Schnittdarstellung eines Mikroplasmastempels. (Nach Lucas et al. [4, S. 371])

Diese Technik wird unter anderem bei der Herstellung von Peptidarrays genutzt [5, 6]. Peptide sind organische Verbindungen, bei denen Aminosäuren in einer definierten Reihenfolge meist linear zu einer Kette verbunden sind. Mit Hilfe von Mikropipettiereinheiten wird eine Lösung der Aminosäuren auf die funktionalisierten Spots des Substrats aufgebracht (Abb. 8.4).

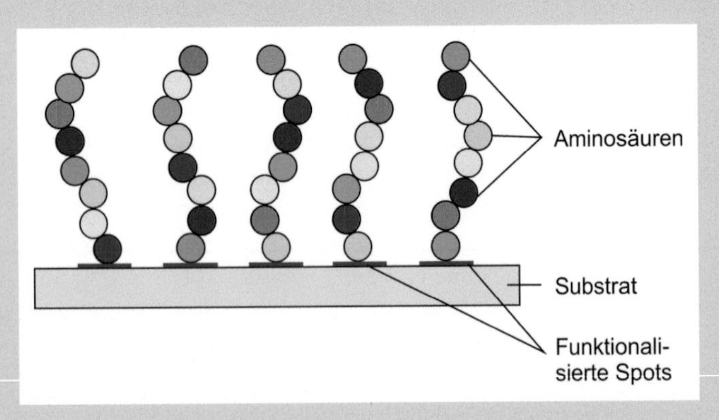

Abb. 8.4 Prinzip der kombinatorischen Peptidsynthese

Das hierbei angewendete Prinzip der kombinatorischen Synthese erlaubt die Herstellung sogenannter Peptidbibliotheken, die wichtige Werkzeuge für die Entwicklung neuer Wirkstoffe sind.

Dabei wird auf systematische Weise eine große Zahl unterschiedlicher Peptide erzeugt. Beispielsweise ergeben sich bei einer Kombination von 20 Aminosäuren zu einer Bibliothek von Peptiden, die aus einer Kette von acht Aminosäuren bestehen, $20^8 = 25{,}6$ Mrd. verschiedene Peptidvarianten.

Zusammenfassung
Die Ende der 1990er-Jahre entstandene Softlithografie umfasst Verfahren, die eine hochauflösende Mikro- und Nanostrukturierung erlauben. Softlithografische Techniken nutzen Elastomer-Stempel oder -Gussformen, die durch Abformen einer Mutterform hergestellt werden. Das am häufigsten benutzte Elastomer ist PDMS. Anwendungen findet die Softlithografie vorwiegend in den Bereichen Photonik, Mikrofluidik und Lab-on-a-Chip-Technologie.

Literatur

1. Y. Xia, G.M. Whitesides, Softlithographie. Angewandte Chemie **110**, 568–594 (1998)
2. J.C. McDonald, G.M. Whitesides, Poly(dimethylsiloxane) as a material for fabricating microfluidic devices. Accounts of Chemical Research **35**, 491–499 (2002)
3. G.M. Whitesides, E. Ostuni, S. Takayama, X. Jiang, D.E. Ingber, Soft lithography in biology and biochemistry. Annual Review of Biomedical Engineering **3**, 335–373 (2001)
4. N. Lucas, R. Franke, A. Hinze, C.-P. Klages, R. Frank, S. Büttgenbach, Microplasma stamps for the area-selective modification of polymer surfaces. Plasma Processes and Polymers **6**, S370–S374 (2009)
5. R. Frank, Spot-synthesis: an easy technique for the positionally adressable, parallel chemical synthesis on a membrane support. Tetrahedron **48**, 9217–9232 (1992)
6. T. Felgenhauer, V. Stadler, R. Bischoff, F. Breitling, Hochkomplexe Peptidarrays auf Mikrochips. BIOspektrum **14**, 151–153 (2008)

9 Mikrofluidische Chips und Chip-Labore

Mikrofluidische Chips
Zu Beginn der 1990er-Jahren wurden verstärkt Bemühungen unternommen, Mikrosysteme auch in Chemie, Biochemie und Biomedizin anzuwenden. Dazu war es nötig, das Strömungsverhalten von Flüssigkeiten und Gasen in Strukturen im Mikrometer-Bereich zu untersuchen und zu beeinflussen. Diese Untersuchungen trugen maßgeblich zur Entwicklung des Arbeitsgebietes Mikrofluidik bei [1, 2]. Große Anstrengungen richteten sich auf Design und Herstellung mikrofluidischer Chips, die Flüssigkeitsmengen bis in den Pikoliter-Bereich ($1\,\mathrm{pL} = 10^{-12}\,\mathrm{L}$) handhaben können. Mikrofluidische Chips enthalten Mikrokanäle und weitere Mikrokomponenten, um die gewünschten Funktionen, zum Beispiel Transport, Mischen und Filtern von Flüssigkeiten, zu realisieren. Die Verbindung zur Außenwelt erfolgt durch geeignete fluidische Anschlüsse.

Zunächst wurden mikrofluidische Chips aus Silizium und Glas hergestellt. Sie wurden mit den Verfahren der Volumen- und Oberflächenmikromechanik (Kap. 4 und 6) strukturiert. Einen großen Schub erhielt die Mikrofluidik durch das Aufkommen der Softlithografie (Kap. 8) und damit der Möglichkeit, mikrofluidische Systeme auf PDMS-Basis durch Abformen eines Masters auf einfache Art und Weise herzustellen. Auch Metalle werden als Werkstoff für mikrofluidische Systeme genutzt, meistens für die Anwendung in Reaktoren (Kap. 10).

Technik im Fokus, DOI 10.1007/978-3-662-49773-9_9

Wichtige Komponenten mikrofluidischer Chips sind:

- **Mikrokanäle**. Mikrokanäle sind trotz ihrer einfachen Form und Funktion sehr wichtige Komponenten mikrofluidischer Systeme. Ihre Abmessungen reichen vom Sub-Mikrometer-Bereich bis zu einigen 100 µm. Mikrokanäle dienen hauptsächlich zum Transport von Flüssigkeiten. Sie können aber auch als Drossel- oder Reaktionsstrecken oder als Mischer genutzt werden. Dabei werden sie oft mäander- oder spiralförmig angeordnet, um die für die Funktion erforderliche Länge auf kleiner Substratfläche zu realisieren. Kennzeichnend für Mikrokanäle ist ein großes Verhältnis von Oberfläche zu Volumen. Daher spielen Oberflächeneffekte eine deutlich größere Rolle als in makroskopischen Rohren. Das Strömungsverhalten in Kanälen wird mit der Reynolds-Zahl beschrieben. Bei Reynolds-Zahlen, die einen kritischen Wert übersteigen, ist die Strömung turbulent. Sie ist gekennzeichnet durch Wirbel und zeitabhängige Schwankungen der Geschwindigkeit. Unterhalb der kritischen Reynolds-Zahl wird die Strömung zunehmend laminarer. Die Flüssigkeit bildet Schichten mit unterschiedlicher Geschwindigkeit, die sich nicht miteinander vermischen. Dabei ist die Geschwindigkeit in der Mitte des Kanals am größten, an der Kanalwand verschwindet sie. Die kritische Reynolds-Zahl ist problemabhängig; sie hängt zum Beispiel vom Querschnitt des Kanals und den Oberflächeneigenschaften der Kanalwand ab. In mikrofluidischen Systemen ist die Reynolds-Zahl im Allgemeinen sehr klein, so dass ein laminares Strömungsprofil angenommen werden kann.
- **Mikroventile und Mikropumpen**. Um Flüssigkeiten durch mikrofluidische Systeme zu transportieren, werden unterschiedliche physikalische und chemische Aktorprinzipien genutzt (siehe zum Beispiel [3, 4]). Dazu gehören Kapillarkräfte und der so genannte elektroosmotische Effekt, der eine Bewegung der Flüssigkeit in einem elektrischen Feld bewirkt. Ultraschallpumpen nutzen die Schleppkraft sich ausbreitender mechanischer Wellen. Der elektrohydrodynamische Effekt beruht auf der Wechselwirkung eines elektrischen Feldes mit Ladungen, die in einer nichtleitenden Flüssigkeit induziert oder in diese injiziert werden. Der magnetohydrodynamische Effekt beschreibt die Strömung einer elektrisch leitenden Flüssigkeit in Ge-

genwart elektrischer und magnetischer Felder. Am häufigsten wird das Prinzip der Druckdifferenz genutzt. Druckdifferenzen können durch ein Druckreservoir oder mit Hilfe von Verdrängerpumpen mit oszillierenden oder rotierenden mechanischen Teilen erzeugt werden. Diese Mikropumpen wenden häufig piezoelektrische, elektrostatische und elektromagnetische Aktorprinzipien an [5].
Bei Mikroventilen können aktive und passive Ventile unterschieden werden. Passive Ventile sind wichtige Bestandteile von Membranpumpen. Sie nutzen den Flüssigkeitsstrom selbst als Energiequelle zur Betätigung des Ventilkörpers, zum Beispiel einer Membran. Sie öffnen bei einem entsprechenden Flüssigkeitsdruck in der gewünschten Fließrichtung und verschließen die Verbindung zwischen Ein- und Auslass bei einer Drucküberhöhung in Rückwärtsrichtung. Bei aktiven Ventilen wird der Ventilkörper aktiv bewegt. Dazu werden die bereits oben erwähnten Aktorprinzipien angewendet.

- **Mischer**. Schnelles und effizientes Mischen ist ein wichtiger Prozess in einer Vielzahl von Anwendungen mikrofluidischer Systeme. In Analysesystemen wird der Probelösung häufig ein Reagenz zugesetzt. Voraussetzung für das richtige Ergebnis der Analyse ist die möglichst vollständige Reaktion von Reagenz und Probe. Mischer sind auch in mikrofluidischen Reaktionssystemen, in denen komplexe chemische Synthesen durchgeführt werden, notwendige Komponenten.
  Es gibt zwei grundlegende Verfahrensweisen für das Mischen in Mikrokanälen [6, 7]. Aktive Mischer nutzen externe Antriebsfelder, um die Mischungskomponenten zu verrühren und damit den Mischprozess zu beschleunigen. Druck-, Ultraschall- und elektromagnetische Felder sind Beispiele für externe Antriebsfelder. Aktive Mikromischer arbeiten sehr effizient, erfordern jedoch die Integration von Aktoren in den mikrofluidischen Chip. Passive Mikromischer beruhen wegen der laminaren Strömungsverhältnisse in Mikrokanälen auf molekularer Diffusion. Sie bewirkt infolge der Zufallsbewegung von Teilchen aufgrund ihrer thermischen Energie einen Ausgleich von Konzentrationsunterschieden und damit eine Vermischung. Dies ist ein relativ langsamer Vorgang, so dass sich für eine vollständige Durchmischung zwangsläufig längere Mischzeiten beziehungsweise Mischstrecken als bei aktiven Mischern ergeben.

Um diese zu reduzieren wurden drei Techniken untersucht [7]: Laminieren, chaotische Advektion und Dean-Wirbel. Laminieren erfolgt durch Aufteilen der Eingangsströme in viele schmale Teilströme, die nebeneinander geschichtet werden. Dadurch wird die Kontaktfläche zwischen den Mischkomponenten vergrößert. Advektion beschreibt den Transport einer Substanz in einem strömenden Medium. In Mikrokanälen erfolgt Advektion normalerweise in Richtung der laminaren Strömung. Advektion in andere Richtungen, sogenannte chaotische Advektion, kann durch eine spezielle Kanalgeometrie bewirkt werden. Dadurch wird die Effektivität der Mischung wesentlich erhöht. Eine bessere Durchmischung kann auch durch so genannte Dean-Wirbel erzielt werden. Sie bilden sich in gekrümmten Kanalgeometrien aufgrund von Trägheitskräften aus.

- **Separatoren**. Die Trennung von Partikeln und Zellen ist ebenfalls ein häufig vorkommender Prozess in mikrofluidischen Anwendungen, entweder um eine Probenflüssigkeit zu reinigen oder um die separierten Objekte genauer zu untersuchen. Auch hier lassen sich aktive und passive Verfahren unterscheiden [8]. Aktive Trennverfahren sind effektiver als passive Verfahren, benötigen aber externe Felder. Diese können akustischer, optischer, magnetischer oder elektrischer Natur sein. Passive Separierungsverfahren nutzen die Wechselwirkung zwischen Partikeln, dem Strömungsfeld und der Struktur der Mikrokanäle aus. Zu den passiven Methoden gehören sowohl mechanische Filter wie auch Separatoren, die Trägheitskräfte ausnutzen.

In Box 9.1 werden einige Beispiele mikrofluidischer Komponenten vorgestellt.

Box 9.1 Mikrofluidische Komponenten

Abb. 9.1 zeigt schematisch den Aufbau einer Mikropumpe [9]. Sie besteht aus einer Pumpkammer, die mit einer dünnen Membran abgeschlossen ist. Wird die Membran nach oben ausgelenkt, vergrößert sich das Volumen der Pumpkammer, und Flüssigkeit wird angesaugt. Wird die Membran in die andere Richtung ausgelenkt, wird Flüssigkeit aus der Pumpkammer herausgedrückt. Zwei passive Rückschlagventile bewirken einen Flüssigkeitsstrom in die gewünschte Richtung. In der Ansaugphase schließt das Ventil in Auslassrichtung, in der Druckphase das Ventil im Zulauf. Das Design der Rückschlagventile mit konkaven Lippen zeigt Abb. 9.1c.

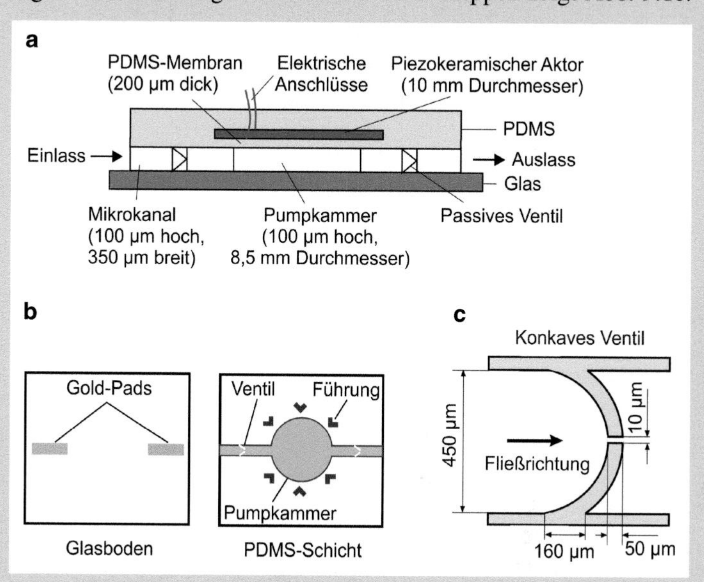

Abb. 9.1 Mikropumpe mit piezokeramischem Antrieb: **a** Schnittdarstellung, **b** Glasboden und PDMS-Schicht (*Draufsicht*), **c** Schnittdarstellung des konkaven Ventils. (Nach Demming [9, S. 112, 120])

Die Membran wird mit Hilfe eines piezokeramischen Aktors verformt. Piezokeramische Aktoren nutzen den piezoelektrischen Effekt, sie verformen sich bei Anlegen einer elektrischen Spannung. Weiterhin besteht die Pumpe aus einem Glasboden und einer strukturierten PDMS-Schicht. Die Gold-Pads auf dem Glasboden verhindern das Haftenbleiben der Ventillippen am Glas. Die PDMS-Schicht verfügt über Führungen, um den piezokeramischen Aktor optimal zu positionieren. Die fluidischen Anschlüsse erfolgen über metallische Kapillaren. Die Pumprate für Wasser liegt in der Größenordnung von 100–200 µL/min. Die Mikropumpe kann als separates Bauelement in einer modularen mikrofluidischen Plattform verwendet werden. Eine solche Plattform besteht aus mehreren Bausteinen, die über fluidische Schnittstellen verbunden werden. Die Pumpe kann aber auch in einer integrierten Plattform verwendet werden. Hier sind alle Bausteine einschließlich der fluidischen Verbindungen in einer Struktur enthalten.

In Abb. 9.2 ist das simulierte Mischverhalten eines Mikromischers dargestellt, der die Mischstrecke mit Hilfe von Dean-Wirbeln reduziert [10]. Der Mischer wurde durch Abformen von PDMS hergestellt. Experimente zeigten, dass diese Mischergeometrie für Reynoldszahlen zwischen 0,01 und 50 eine nahezu vollständige Durchmischung garantiert.

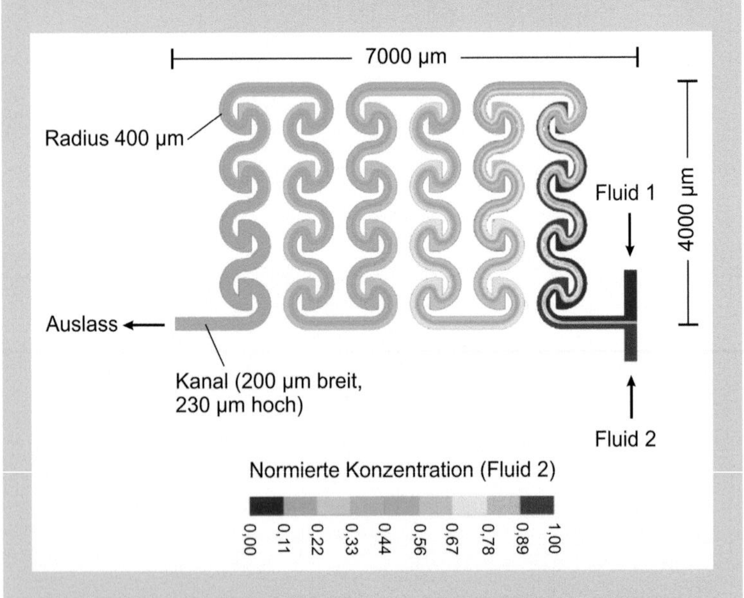

Abb. 9.2 Schematische Darstellung des Mischverhaltens eines passiven Mikromischers. (Nach Al-Halhouli et al. [10, S. 960])

Ein Mikrorührer, der als aktiver Mikromischer genutzt werden kann, wurde bereits in Kap. 5 beschrieben (siehe Abb. 5.4). Er basiert auf einem Mikrosynchronmotor, der mit Hilfe des UV-LIGA-Verfahrens gefertigt wird.

In Abb. 9.3 ist ein aus PDMS gefertigter spiralförmiger Separator skizziert [11], der Trägheitskräfte zur Abtrennung von Partikeln und Zellen nutzt (Trägheits-Mikrofluidik [12]). In gekrümmten rechteckigen Kanälen sammeln sich zunächst zufällig verteilte Partikel an einer Gleichgewichtsposition. Diese hängt ab von der Partikelgröße, den Kanalabmessungen und den Strömungseigenschaften. Unter geeigneten Bedingungen ist es möglich, Partikel, deren Gleichgewichtsposition sich in der Nähe der inneren Kanalwand befindet, abzutrennen. Dabei kann es sich zum Beispiel um Tumorzellen handeln, die im Blut zirkulieren und die für eine Untersuchung vom Blutserum separiert werden.

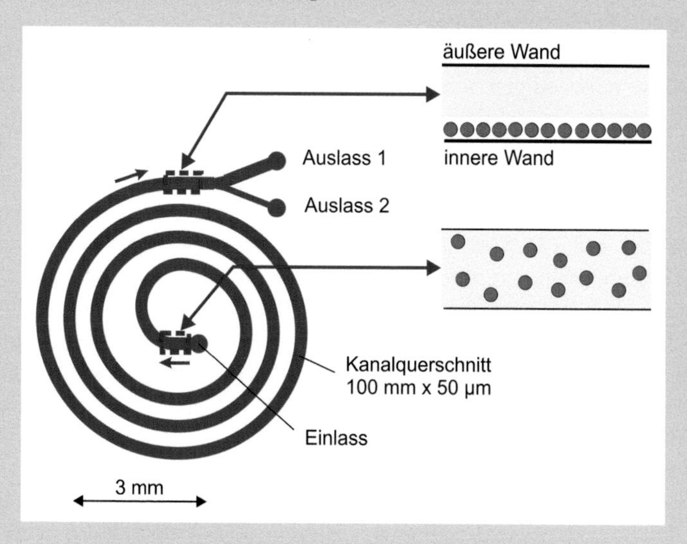

Abb. 9.3 Schema eines spiralförmigen Mikroseparators. (Nach Kuntaegowdanahalli et al. [11, S. 2974])

Chip-Labore
Ein Chip-Labor (LOC, **L**ab-**o**n-a-**C**hip) integriert einen oder mehrere Laborprozesse auf einem nur wenige Quadratzentimeter großen Chip. Grundlage von LOC-Systemen ist die Mikrofluidik. Das erste LOC-System, ein Gaschromatograph, wurde 1979 an der Stanford-Universität entwickelt [13]. Gaschromatographen dienen zur Trennung und Identifikation von Gasen in Gasgemischen und zur Bestimmung ihrer Konzentration. Auf einem Silizium-Wafer von 50 mm Durchmesser wurden das Einlassventil für das zu untersuchende Gasgemisch, der 1,5 m lange, spiralförmig gewundene Trennkanal (200 µm breit, 40 µm tief) und der Detektor integriert. Die Herstellung erfolgte mit den Verfahren der Volumenmikromechanik (Kap. 4). Der Chromatograph war eine herausragende technologische Leistung, aber ein wirtschaftlicher Misserfolg: konventionelle Chromatographen waren leistungsfähiger und billiger [14]. Umfangreiche Forschungsaktivitäten auf dem LOC-Gebiet begannen in den 1990er-Jahren, in denen Andreas Manz das Konzept des **M**icro **T**otal **A**nalysis **S**ystems (µTAS) entwickelte [15]. Total Analysis System beschreibt ein Gerät, in dem alle zu einer chemischen Analyse notwendigen Schritte automatisiert durchgeführt werden. Das Aufkommen der Softlithografie (Kap. 8) beschleunigte diese Entwicklung.

Die meisten LOC-Systeme benötigen Sensoren zur Echtzeitbestimmung chemischer und biochemischer Größen. Idealerweise werden diese Sensoren in das LOC-System integriert, so dass ein sperriger und komplexer Laboraufbau vermieden werden kann. Kernstück eines Sensors ist der Wandler, der eine physikalische, chemische oder biologische Messgröße direkt in ein elektrisches Signal wandelt (Basissensor). Häufig gibt es kein Prinzip, das die Messgröße direkt in ein elektrisches Signal umsetzt. In diesen Fällen wird die zu messende nicht-elektrische Größe zunächst in eine andere nicht-elektrische Größe gewandelt, die dann im Basissensor erfasst wird. Üblicherweise kann das elektrische Sensorsignal nicht direkt genutzt werden, sondern muss in einer Signalverarbeitungselektronik aufbereitet werden. Zur Aufbereitung gehören zum Beispiel Verstärkung und Digitalisierung. Viele Sensoren benötigen eine externe Hilfsenergie. Das Gebiet der Sensorik besitzt inzwischen eine unüberschaubare Größe. Deshalb kann es hier nur beispielhaft dargestellt werden.

Die häufigsten in LOC-Systemen integrierten Sensoren sind elektrochemische, massensensitive und optische Sensoren. Sensoren, die in einem ersten Schritt die zu bestimmenden Substanzen mittels biologisch aktiver Systeme in ein Signal wandeln, das dann vom Basissensor in ein elektrisches Signal umgesetzt wird, werden als Biosensoren bezeichnet. Abb. 9.4 zeigt schematisch den Aufbau eines Biosensors. Die spezifische Erkennung des Analyten erfolgt durch das biologisch aktive System. Dies können zum Beispiel Enzyme oder Antikörper sein. Die durch die Wechselwirkung des Analyten mit dem aktiven biologischen System bewirkten physikalisch-chemischen Veränderungen werden vom Basissensor erfasst.

- **Elektrochemische Sensoren:** Meist wird das sogenannte amperometrische Messprinzip angewendet. Mit Hilfe von miniaturisierten Messelektroden werden elektrische Ströme gemessen, die als Folge chemischer Reaktionen auftreten. Der Stromfluss ist proportional zur Konzentration des zu bestimmenden Analyten.

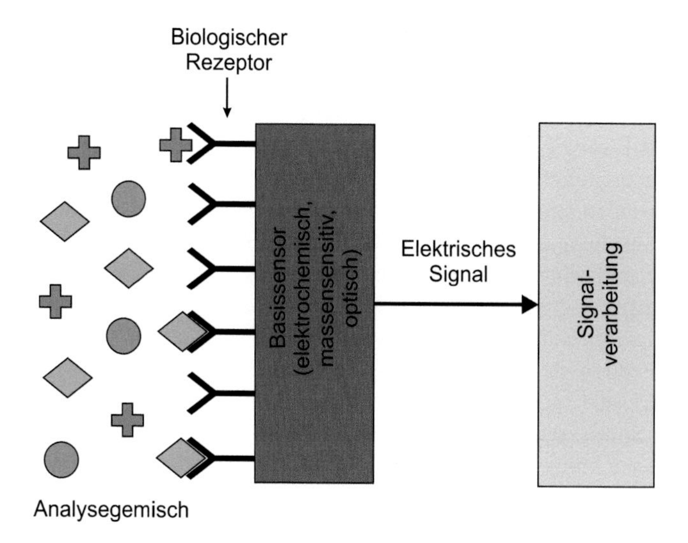

Abb. 9.4 Funktionsprinzip eines Biosensors

- **Massensensitive Sensoren:** Bei schwingenden mikromechanischen Bauelementen wird die Änderung ihrer Resonanzfrequenz gemessen, die durch eine Anlagerung von Molekülen des Analyten und damit einer Änderung der schwingenden Masse hervorgerufen wird. Die Änderung der Frequenz ist proportional zur angelagerten Masse.
- **Optische Sensoren** erfassen Veränderungen der Schichtdicke, des Brechungsindexes, der Lichtabsorption und -emission. Häufig ist es notwendig, die zu untersuchenden Substanzen mit fluoreszierenden chemischen Verbindungen zu markieren.

Zu den vielfältigen Anwendungen der LOC-Technologie zählen:

- **Chemische und biochemische Analysen**. Große Bedeutung haben LOC-Systeme für die dezentrale Diagnostik und die Selbstkontrolle durch die Patienten (POC-Tests, **P**oint-**o**f-**C**are-Tests, häufig auch als Biochips bezeichnet). Der Patient und der Arzt erhalten die Testergebnisse schneller, so dass zügig über eine Behandlung entschieden werden kann. Tragbare, handliche POC-Geräte können auch zur Verbesserung der öffentlichen Gesundheit beitragen, insbesondere in Entwicklungsländern, in denen modern ausgestattete Diagnostiklabors nicht zur Verfügung stehen [16]. LOC-Systeme werden auch zur Gen- und Proteinanalyse eingesetzt.
- **Zell-Biologie**. LOC-Systeme sind sehr gut geeignet, einzelne Zellen zu manipulieren. Dabei kann eine große Zahl von Zellen in wenigen Sekunden untersucht werden. Eine Anwendung ist beispielsweise die Erforschung der Stammzellendifferenzierung. Untersucht wird dabei, wie sich während der Entwicklung des Embryos aus Stammzellen organspezifische Zellen bilden. Weiterhin können LOC-Systeme bei der Detektion und Isolierung bestimmter Zellen, zum Beispiel von Tumorzellen, der Sortierung von Zellen und der Patch-Clamp-Technik eingesetzt werden. Die Patch-Clamp-Technik ist eine Methode, mit der Ströme durch einzelne Ionenkanäle in der Zellmembran gemessen werden können. Damit ist es möglich, die Wirksamkeit von Medikamenten zu prüfen.
- **Mikrobioreaktoren**. Um optimale Prozessparameter für biotechnologische Verfahren zu finden, ist es notwendig, viele Experimente mit Parametern im interessierenden Wertebereich (Temperatur, pH-Wert,

Nährstoffangebot) durchzuführen. Daher gibt es großen Bedarf an automatisierten Methoden mit hoher Durchsatzrate. Mikrobioreaktoren bieten gute Möglichkeiten, die optimalen Prozessparameter kostengünstig zu bestimmen [17].

- **Mikroreaktionstechnik**. Die Möglichkeit des schnellen Aufheizens und Kühlens in mikrofluidischen Systemen kann zu einem höheren Wirkungsgrad chemischer Reaktionen führen. LOC-Systeme können daher in der chemischen und pharmazeutischen Industrie als miniaturisierte Reaktoren dienen, die in großer Zahl parallelisiert werden können [18]. Die Erzeugung von Plasmen in mikrofluidischen Chips führt zu weiteren interessanten Anwendungen in der Oberflächentechnik [19].

In Box 9.2 werden drei Beispiele für LOC-Anwendungen besprochen. Einen guten Überblick über LOCs bietet die Darstellung in [20].

Box 9.2 Lab-on-Chip-Anwendungen

In Abb. 9.5a ist ein massensensitiver Biosensor dargestellt. Dieser besteht aus einem Plättchen aus einkristallinem Quarz. Quarz ist ein piezoelektrischer Kristall, der sich bei Anlegen einer elektrischen Spannung verformt. Im Rückkoppelkreis eines elektrischen Oszillators kann das Quarzplättchen daher zu resonanten mechanischen Schwingungen angeregt werden, wobei die Frequenz der Schwingung mit zunehmender Dicke des Quarzplättchens abnimmt. Eine übliche Resonanzfrequenz ist 20 MHz. Dazu wird ein etwa 80 µm dickes Quarzplättchen benötigt. Die Anregung der Schwingung erfolgt über Goldelektroden auf Unter- und Oberseite des Quarzes. Auf einer Elektrode wird der biologische Rezeptor aufgebracht. Eine Änderung der mitschwingenden Masse durch Ankopplung eines Analyten an den biologischen Rezeptor ändert die Resonanzfrequenz proportional. Da Frequenzen sehr genau gemessen werden können, stellt dieses System einen hochempfindlichen Massensensor dar, der auch als Quarzmikrowaage bezeichnet wird.

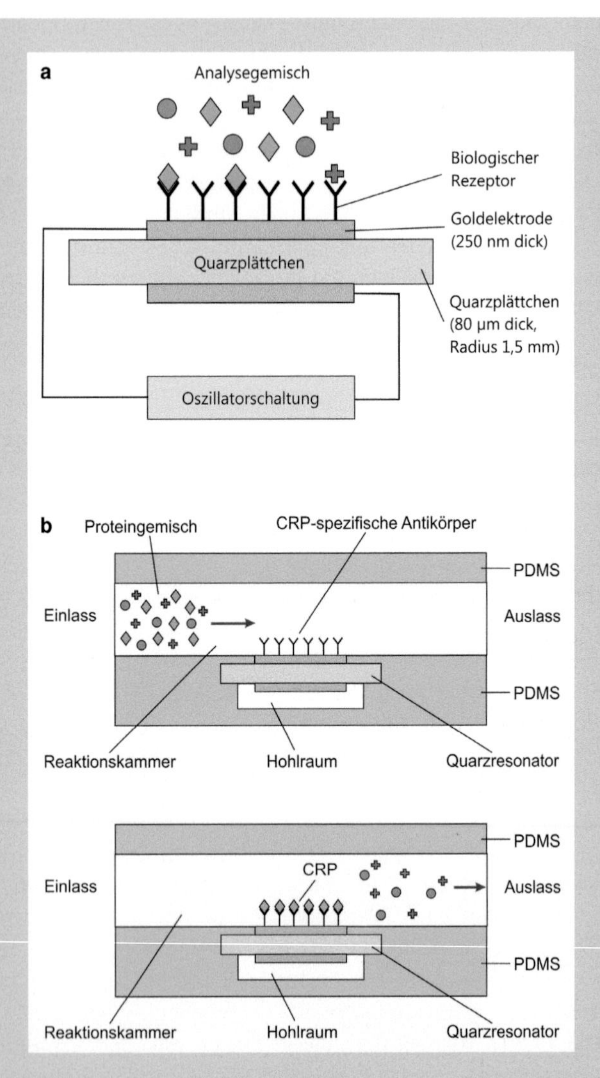

Abb. 9.5 **a** Schema eines massensensitiven Biosensors auf Basis einer Quarzmikrowaage und **b** eines mikrofluidischen LOC-Systems für den CRP-Nachweis

Eine solche Quarzmikrowaage kann in eine mikrofluidische Fließzelle eingebaut werden ([21]; Abb. 9.5). Die Zelle besteht aus zwei PDMS-Teilen, die nach Einfügen der Quarzmikrowaage miteinander verbunden werden. Der Reaktionsraum oberhalb der Goldelektrode hat ein Volumen von 9 µL. Um das Schwingverhalten nicht negativ zu beeinflussen, befindet sich ein Hohlraum unterhalb des Quarzresonators. Der fluidische Anschluss erfolgt mit Hilfe von Edelstahlkapillaren.

In einem ersten Test wurde diese Zelle zum Nachweis von **C**-**r**eaktivem **P**rotein (CRP) in einer Blutserumprobe verwendet. CRP kann als unspezifischer Entzündungsparameter dienen, da seine Konzentration bei Entzündungen stark ansteigt. Als biologische Rezeptoren dienen CRP-spezifische Antikörper. Antikörper sind Teil des Immunsystems. Sie werden als Reaktion auf bestimmte Stoffe, so genannte Antigene, gebildet. Ein wichtiges Anwendungsbeispiel für Antikörper ist ihre Verwendung als passive Impfstoffe. Bei diesen Tests konnte CRP quantitativ nacheinander in bis zu 15 Serumproben nachgewiesen werden, wobei die Quarzmikrowaage zwischen jeder Messung mit Hilfe einer Reinigungslösung regeneriert wurde [22]. Dies ist ein guter Ansatzpunkt zur Entwicklung schnell durchzuführender POC-Tests auf CRP.

Abb. 9.6 erläutert ein optisches LOC-System zur Zellanalytik [23]. Es erlaubt, die Zellzahl in einem Volumen und das Verhältnis von lebenden zu toten Zellen in einem Scanvorgang von 30 ms zu bestimmen. Das Messprinzip beruht auf der Bestimmung von Streuung und Absorption von Licht. Das System wird aus PDMS durch Abformen eines SU-8-Masters hergestellt. Es enthält alle mikrooptischen Komponenten: Linsen, Elemente zur Justierung von optischen Fasern auf dem Substrat und Luftspiegel. Licht einer breitbandigen Lichtquelle wird über eine optische Faser und eine Linse in die Wechselwirkungszone mit der Flüssigkeit, in der sich die zu untersuchenden Zellen befinden, eingekoppelt. Am ersten Luftspiegel wird das Licht reflektiert und erreicht den zweiten Luftspiegel. Dieser fokussiert das Licht auf die Austrittsfaser. Das

Prinzip der internen Reflexion mit Hilfe von Luftspiegeln wird in [24] beschrieben. Das austretende Licht wird in einem Mikrospektrometer analysiert, so dass die Lichtwechselwirkung mit den Zellen simultan für einen großen Spektralbereich bestimmt werden kann.

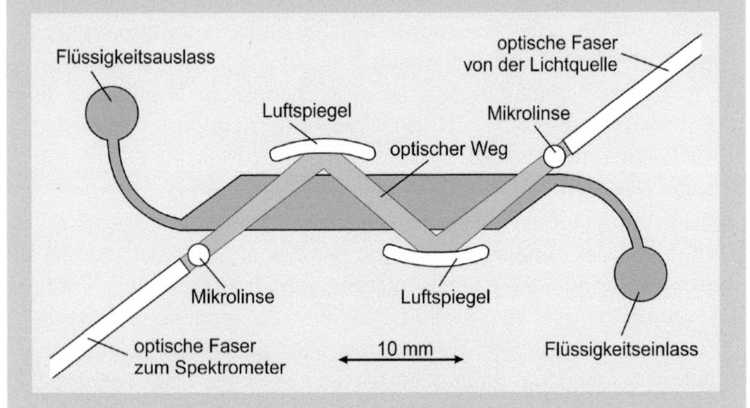

Abb. 9.6 Optisches Lab-on-Chip-System für die Zell-Analyse. (Nach Vila-Planas et al. [23, S. 1646])

Die Zellzahl wird mittels Lichtstreuung gemessen, wenn die Zellen keine Absorption im untersuchten Spektralbereich aufweisen. Um das Verhältnis von lebenden zu toten Zellen zu bestimmen, muss eine Markierung mit einem Farbstoff erfolgen, üblicherweise mit Trypanblau. Lebende Zellen nehmen diese Substanz nicht auf, abgestorbene Zellen, deren Membran beschädigt ist, werden dagegen dunkelblau angefärbt. Das Ergebnis ist dann ein Absorptionsmaximum bei einer Wellenlänge von etwa 590 nm, das dem Signal der Lichtstreuung überlagert ist.

Zu den Vorteilen von LOC-Systemen gehört die Möglichkeit der hochgradigen Parallelisierung, durch die viele Analysen gleichzeitig durchgeführt werden können. Weitere Vorteile sind die Portabilität und einfache Handhabung der Systeme, kleine Probemengen und kurze Analysezeiten. Eine große Herausforderung ist die Industrialisierung von LOC-Technologien. Trotz intensiver weltweiter Forschung haben bisher nur sehr wenige LOC-Systeme Produktreife erlangt [25, 26].

Zusammenfassung

Das Arbeitsgebiet Mikrofluidik befasst sich mit dem Design und der Herstellung von Mikrosystemen, die Flüssigkeitsmengen bis in den Pikoliter-Bereich handhaben können. Mikrofluidische Chips enthalten Mikrokanäle und Mikrokomponenten zum Transport, Mischen und Filtern von Flüssigkeiten. Sie werden häufig aus PDMS mit den Verfahren der Softlithografie gefertigt.

Die Mikrofluidik bildet die Grundlage für Chip-Labore (LOC, Lab-on-a-Chip). LOC-Systeme integrieren einen oder mehrere Laborprozesse auf einem Substrat-Chip. Die schnelle Entwicklung begann in den 1990er-Jahren mit der Einführung des Konzepts des Micro Total Analysis Systems. Die meisten LOC-Systeme benötigen Sensoren zur Echtzeitbestimmung chemischer und biochemischer Größen. Schwerpunktmäßig werden elektrochemische, massensensitive und optische Sensoren eingesetzt. In Biosensoren werden die zu bestimmenden Substanzen in einem ersten Schritt mittels biologisch aktiver Systeme wie zum Beispiel Enzyme oder Antikörper in ein Signal gewandelt, das dann mit dem eigentlichen Sensor in ein elektrisches Signal umgesetzt wird.

Zu den vielfältigen Anwendungen der LOC-Technologie zählen chemische und biochemische Analysen, speziell zur schnellen und dezentralen Diagnostik von Krankheiten, Systeme zur Manipulation einzelner Zellen, Mikrobioreaktoren zur Bestimmung optimaler Prozessparameter für biotechnische Verfahren und Mikroreaktoren, die zu einem höheren Wirkungsgrad chemischer Reaktionen führen können.

Vorteile von LOC-Systemen sind die hochgradige Parallelisierung, die Portabilität, kleine Probenmengen und kurze Analysezeiten. Trotz intensiver Forschung haben bisher nur wenige Systeme Produktreife erlangt.

Literatur

1. G.M. Whitesides, The origins and the future of microfluidics. Nature **442**, 368–373 (2006)
2. P. Abgrall, A.-M. Gué, Lab-on-chip technologies: making a microfluidic network and coupling it into a complete microsystem – a review. Journal of Micromechanics and Microengineering **17**, R15–R49 (2007)
3. D.J. Laser, J.G. Santiago, A review of micropumps. Journal of Micromechanics and Microengineering **14**, R35–R64 (2004)
4. P. Woias, Micropumps – past, progress and future prospects. Sensors and Actuators B **105**, 28–38 (2005)
5. D.K.-C. Liu, J. Friend, L. Yeo, A brief review of actuation at the micro-scale using electrostatics, electromagnetics and piezoelectric ultrasonics. Acoustical Science and Technology **31**, 115–123 (2010)
6. V. Hessel, H. Löwe, F. Schönfeld, Micromixers – a review on passive and active mixing principles. Chemical Engineering Science **60**, 2479–2501 (2005)
7. L. Capretto, W. Cheng, M. Hill, X. Zhang, Micromixing within microfluidic devices. Topics in Current Chemistry **304**, 27–68 (2011)
8. A. Lenshof, T. Laurell, Continuous separation of cells and particles in microfluidic systems. Chemical Society Reviews **39**, 1203–1217 (2010)
9. S. Demming, *Disposable lab-on-chip systems for biotechnological screening* (Shaker, Aachen, 2011)
10. A. Al-Halhouli, A. Alshare, M. Mohsen, M. Matar, A. Dietzel, S. Büttgenbach, Passive micromixers with interlocking semi-circle and omega-shaped modules: experiments and simulation. Micromachines **6**, 953–968 (2015)
11. S.S. Kuntaegowdanahalli, A.A.S. Bhagat, G. Kumar, I. Papautsky, Inertial microfluidics for continuous particle separation in spiral microchannels. Lab Chip **9**, 2973–2980 (2009)
12. D. Di Carlo, Inertial microfluidics. Lab Chip **9**, 3038–3046 (2009)
13. S.C. Terry, J.H. Jerman, J.B. Angell, A gas chromatographic air analyzer fabricated on a silicon wafer. IEEE Transactions on Electron Devices **26**, 1880–1886 (1979)
14. J. Martin, Commercial MEMS case studies: market drivers, designs, materials and processes. International Journal of Advances in Engineering Sciences and Applied Mathematics **2**, 23–27 (2010)
15. A. Manz, N. Graber, H.M. Widmer, Miniaturized total chemical analysis systems: a novel concept for chemical sensing. Sensors and Actuators B **1**, 244–248 (1990)
16. P. Yager, T. Edwards, E. Fu, K. Helton, K. Nelson, M.R. Tam, B.H. Weigl, Microfluidic diagnostic technologies for global public health. Nature **442**, 412–418 (2006)
17. R. Krull, S. Lladó-Maldonado, T. Lorenz, S. Demming, S. Büttgenbach, Microbioreactors, in *Microsystems for Pharmatechnology*, ed. by A. Dietzel (Springer, Heidelberg, 2016), S. 99–152

18. V. Hessel, H. Löwe, A. Müller, G. Kolb, *Chemical Micro Process Engineering* (Wiley-VCH, Weinheim, 2005)
19. M. Thomas, K.L. Mittal (Hrsg.), *Atmospheric Pressure Plasma Treatment of Polymers: Relevance to Adhesion* (Scrivener Publishing, Beverly, 2013)
20. Elveflow, Introduction to lab-on-a-chip 2015: review, history and future. http://www.elveflow.com/microfluidic-tutorials/microfluidic-reviews-and-tutorials/introduction-to-lab-on-a-chip-2015-review-history-and-future/, Zugegriffen: 27. Mai 2016
21. M. Michalzik, R. Wilke, S. Büttgenbach, Miniaturized QCM-based flow system for immunosensor application in liquid. Sensors and Actuators B **111–112**, 410–415 (2005)
22. L. Al-Halabi, A. Balck, M. Michalzik, D. Fröde, S. Büttgenbach, M. Hust, T. Schirrmann, S. Dübel, Recombinant antibody fragments allow repeated measurements of C-reactive protein with a quartz crystal microbalance immunosensor. mAbs **5**, 140–149 (2013)
23. J. Vila-Planas, E. Fernández-Rosas, B. Ibarlucea, S. Demming, C. Nogués, J.A. Plaza, C. Domínguez, S. Büttgenbach, A. Llobera, Cell analysis using a multiple internal reflection photonic lab-on-a-chip. Nature Protocols **6**, 1642–1655 (2011)
24. A. Llobera, R. Wilke, S. Büttgenbach, Enhancement of the response of poly(dimethylsiloxane) hollow prisms through air mirrors for absorbance-based sensing. Talanta **75**, 473–479 (2008)
25. C.D. Chin, V. Linder, S.K. Sia, Commercialization of microfluidic point-of-care diagnostic devices. Lab Chip **12**, 2118–2134 (2012)
26. A. Gebauer, S. Schmidt, W. Hoffmann, Status and perspective of lab-on-a-chip systems for common diseases – a systematic review from 2003 to 2013. Personalized Medicine **13**, 71–91 (2016)

10 Direkte Methoden der Mikrostrukturierung

Bei den bisher dargestellten maskengebundenen Verfahren der Mikrostrukturierung wird die Struktur zunächst in einem Hilfsmaterial, zum Beispiel dem Fotoresist, erzeugt und von dort in das zu strukturierende Substrat übertragen. Dem stehen die sogenannten direkten Mikrostrukturierungsmethoden gegenüber. Diese entstehen durch Skalierung und Weiterentwicklung feinwerktechnischer Prozesse. Dabei wirkt ein Werkzeug direkt auf das zu strukturierende Material ein. Wichtigste Verfahren zur direkten Mikrostrukturierung sind Laserstrahlverfahren und Funkenerosion [1]:

- **Laserstrahlverfahren.** Das Wort Laser ist ein Kurzwort für **L**ight **A**mplification by **S**timulated **E**mission of **R**adiation (Lichtverstärkung durch stimulierte Emission von Strahlung). Die Funktion des Lasers beruht auf dem Prozess der induzierten Emission von Strahlung, der bereits 1917 von Albert Einstein vorhergesagt wurde. In einem optischen Resonator, der von zwei hochreflektierenden Spiegeln gebildet wird, befindet sich das aktive Medium. Die Wellenlängen der Laserstrahlung reichen vom ultravioletten bis in den infraroten Spektralbereich. Sie entsprechen elektronischen Übergängen zwischen zwei Energiezuständen der Atome oder Moleküle des aktiven Mediums. Der Laserprozess setzt ein, wenn der Zustand mit höherer Energie stärker besetzt ist als der Zustand mit niedrigerer Energie. Eine solche Besetzungsinversion wird durch das sogenannte

Technik im Fokus, DOI 10.1007/978-3-662-49773-9_10

Pumpen erreicht. Dies kann zum Beispiel mit Hilfe von kontinuierlich oder impulsförmig zugeführtem Licht (optisches Pumpen) erfolgen. Verschiedene Laserarten benutzen sehr unterschiedliche aktive Medien und Pumpmechanismen. Der erste Laser wurde 1960 von Theodore Maiman in den Hughes Research Laboratories entwickelt [2]. Als aktives Medium verwendete er Rubin, einen einkristallinen mit Chrom dotierten Aluminiumoxidkristall. Laserstrahlung weist für die Mikromaterialbearbeitung hervorragende Eigenschaften auf. Der Laserstrahl kann extrem fokussiert werden, so dass sehr hohe Leistungsdichten erreicht werden können. Außerdem erlaubt die Fokussierung eine extrem lokale Materialbearbeitung. Laser strahlen Licht nur in einem sehr schmalen Wellenlängenbereich aus. Vereinfacht wird auch von einfarbiger (monochromatischer) Strahlung gesprochen, die nur eine einzige Wellenlänge enthält. Dies ermöglicht die selektive Anregung von Molekülen in der Oberfläche von Werkstücken. Laser können kontinuierlich oder gepulst betrieben werden. Damit ist eine zeitlich kontrollierte Materialbearbeitung möglich. Die derzeit kleinsten erreichbaren Pulsdauern liegen in der Größenordnung von einigen Femtosekunden ($1\,\text{fs} = 10^{-15}\,\text{s}$).

Die Anwendungen von Laserstrahlung in der Fertigung von Mikrosystemen reichen von fügetechnischen (Löten, Schweißen) über abtragende Verfahren (Fotoablation, Ätzen) bis hin zur Modifikation von Oberflächen und oberflächennahen Schichten (Abscheiden, Rekristallisieren, Dotieren) [1, 3]. Folgende Prozesse sind in Abb. 10.1 schematisch dargestellt [4]:

- *Fotoablation* beschreibt das Abtragen von Material von der Substratoberfläche durch Laserstrahlung. Es lassen sich verschiedenste Materialien bearbeiten, zum Beispiel Metalle, Keramiken, Gläser, Kunststoffe und Kristalle. Zur Ablation tragen thermische Prozesse wie Verdampfen und Sublimation (unmittelbarer Übergang vom festen in den gasförmigen Aggregatzustand) und nicht-thermische, fotochemische Prozesse bei. Bei letzteren führt die Absorption der Laserstrahlung zum Aufbrechen chemischer Bindungen in der Substratoberfläche. Welche Prozesse bei der Fotoablation dominieren hängt sowohl vom bearbeiteten Material als auch von den Eigenschaften der La-

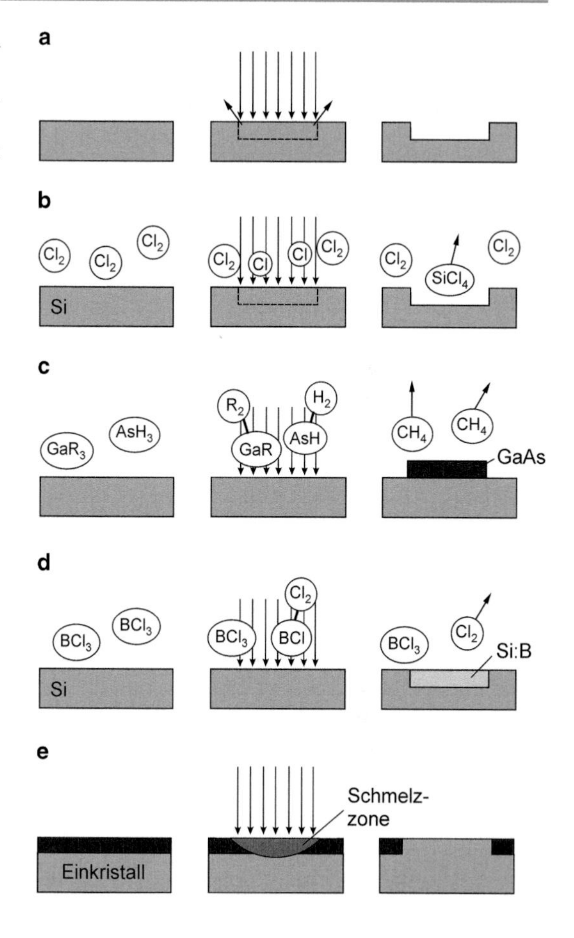

Abb. 10.1 Laserinduzierte Prozesse in der Mikrofertigung: **a** Fotoablation, **b** Ätzen, **c** Abscheiden (*R* steht für CH_3), **d** Dotieren, **e** Rekristallisieren. (Nach Büttgenbach [4, S. 128])

serstrahlung (Wellenlänge, Energiedichte und Pulslänge) ab. Thermische Prozesse führen zu Schmelzablagerungen am Rande des bearbeiteten Bereiches. Diese müssen gegebenenfalls durch aufwändige Nachbearbeitungsprozesse entfernt werden. Werden kurze Laserpulse ($< 10^{-12}$ s) verwendet, findet überwiegend eine nicht-thermische Ablation statt. Der Materialaustrieb erfolgt so schnell, dass ein thermischer Austausch mit der Umgebung nicht stattfinden kann. Dadurch ergeben sich sehr scharfe und saubere Bearbeitungskanten ohne Grat oder Materialablagerungen.

- Die Prozesse *Ätzen, Abscheiden und Dotieren* basieren auf Wechselwirkungen zwischen der Laserstrahlung, den beteiligten Molekülen und der Substratoberfläche [5]. Die zu Grunde liegenden chemischen Reaktionen können mit Hilfe von Laserstrahlung ausgelöst oder intensiviert werden. In Abb. 10.1b ist das Ätzen von Silizium mit Chlor skizziert (Si-Cl_2-System). Chlormoleküle werden im Strahlungsfeld des Lasers dissoziiert. Die entstehenden freien Chlorradikale reagieren an der Silizium-Oberfläche zu Siliziumtetrachlorid ($SiCl_4$), das von der Oberfläche abgegeben wird. Abb. 10.1c erläutert die laserinduzierte Abscheidung von Galliumarsenid (GaAs) auf einem Siliziumsubstrat. Als Ausgangsprodukte dienen Trimethylgallium ($Ga(CH_3)_3$) und Arsin (AsH_3). Diese reagieren an der Silizium-Oberfläche zu GaAs und Methan (CH_4). Die chemische Reaktion wird durch thermische Anregung durch den Laserstrahl aktiviert. Laserunterstütztes Dotieren von Silizium mit Bor ist in Abb. 10.1d illustriert. Als Dotierquelle wird gasförmiges Bortrichlorid (BCl_3) benutzt.
  Eine wichtige Anwendung der laserunterstützten Materialabscheidung ist die Reparatur von Masken für die Fotolithografie. Durch lokale Abscheidung von Chrom können „klare“ Defekte korrigiert werden.
- *Rekristallisieren* ist ein Verfahren zur strukturellen Umwandlung polykristalliner oberflächennaher Schichten. Bei Überstreichen der Schicht mit dem Laserstrahl schmilzt das polykristalline Material auf und rekristallisiert unter Bildung einkristalliner Bereiche.
- **Mikrofunkenerosion.** Funkenerosion (EDM, **E**lectrical **D**ischarge **M**achining) ist ein Verfahren zum elektrothermischen Abtragen bei leitfähigen Materialien [6]. Der Abtrag erfolgt durch Funkenentladung. Das Prinzip der Funkenentladung zeigt Abb. 10.2. Im Arbeitsspalt zwischen Werkstück und Werkzeug befindet sich ein Dielektrikum (Wasser, Öl). Ein Hochspannungspuls zwischen Werkstück und Werkzeug führt zu Entladungsvorgängen (Funkenüberschläge), die zu einem Aufschmelzen und Verdampfen von Material führen (Abb. 10.2a).
  Bei der Mikrodrahterosion wird eine Drahtelektrode als Werkzeug benutzt, die Konturen aus dem quer zur Elektrode geführten Werk-

Abb. 10.2 Prinzip der Funkenerosion: **a** Werkzeug/Werkstück Wechselwirkung, **b** Mikrobahnerosion, **c** Mikrosenkerosion. (Büttgenbach und Dietzel [1, S. S103])

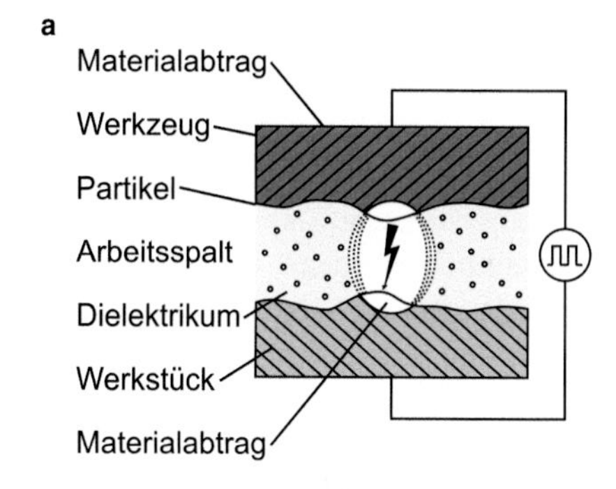

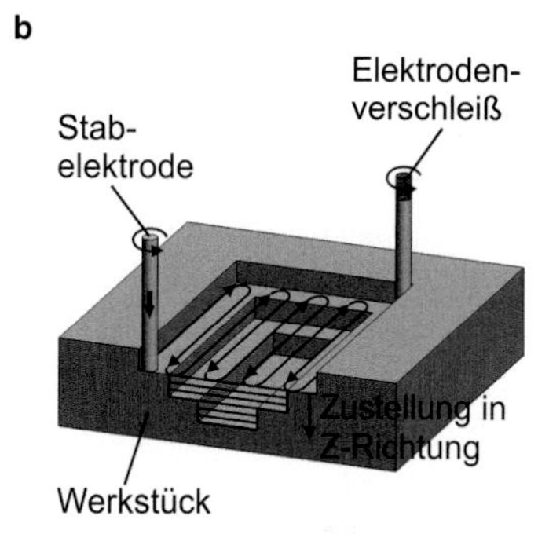

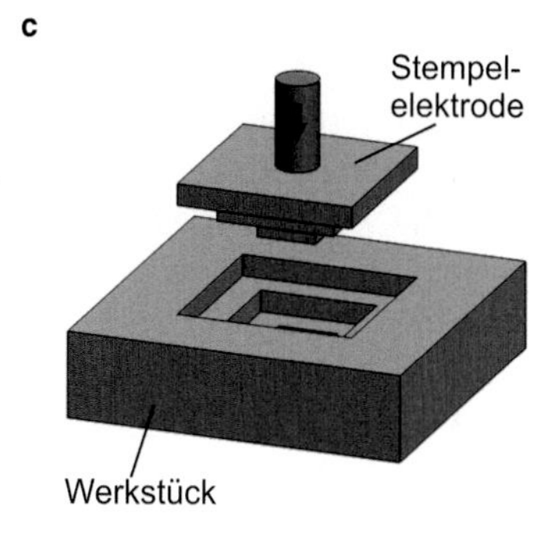

stück ausschneidet. Stabelektroden und Stempelelektroden erlauben die Herstellung komplexerer Mikrostrukturen. Stabelektroden, die wie beim CNC-Fräsen vorprogrammierten Bahnen folgen, werden in der Mikrobahnerosion (auch: funkenerosives Mikrofräsen) als Werkzeug eingesetzt (Abb. 10.2b). Die Mikrosenkerosion nutzt komplexe Stempelelektroden, um die gewünschte Geometrie in das Werkstück einzusenken (Abb. 10.2c).
Zu den Anwendungsfeldern der Mikrofunkenerosion gehören beispielsweise die Herstellung von Mikrobohrungen für Einspritzdüsen oder medizinische Nadeln und die Fertigung von mikrofluidischen Kanälen. In Box 10.1 wird ein mikrofluidisches System für die integrierte Erzeugung und Beladung von Arzneistoff-Trägersystemen vorgestellt, das mittels Mikrofunkenerosion gefertigt wurde.

Box 10.1 Mikrofluidisches System zur integrierten Erzeugung und Beladung von Arzneistoff-Trägersystemen

Partikel mit Abmessungen unter 100 nm (Nanopartikel) gewinnen zunehmend an Bedeutung als Arzneistoffträger. Sie transportieren den Wirkstoff zu dem Zielorgan und setzen den Wirkstoff dort kontrolliert frei. Als neuartige Arzneistoffträger werden feste Lipid-Nanopartikel untersucht. Mit ihrer Hilfe können vor allem schwer wasserlösliche Wirkstoffe verfügbar gemacht werden. Feste Lipid-Nanopartikel bestehen aus einem kristallinen Lipid-Kern und einer stabilisierenden Emulgatorhülle. Der Begriff Lipide bezeichnet die Gesamtheit der Fette und fettähnlichen Substanzen.

Für die Entwicklung neuer Wirkstoffe und Formulierungen sind Untersuchungen mit sehr geringen Stoffmengen wünschenswert, da auf diese Weise Kosten und Arbeitsaufwand gering gehalten werden können. Formulierung steht für die Form der Bereitstellung von Arzneimitteln (zum Beispiel Tropfen, Salben, Tabletten). Entsprechend geringe Formulierungsmengen können mit Hilfe von Mikroreaktoren hergestellt werden. Dabei werden allerdings hohe Anforderungen an Temperatur- und Druckstabilität, Widerstandsfähigkeit gegenüber Abrasion, chemische Beständigkeit und Biokompatibilität der Reaktoren gestellt. Daher bietet sich Edelstahl als Strukturwerkstoff an, der mittels Mikrofunkenerosion strukturiert werden kann [7].

Abb. 10.3 zeigt eine Explosionszeichnung eines modular aufgebauten Mikrosystems aus Edelstahl zur Herstellung wirkstoffbeladener Lipid-Nanopartikel [8]. Es besteht aus mehreren übereinander platzierten Mikrokomponenten und erlaubt die Durchführung aller relevanten Prozessschritte: Dispersion, Voremulgierung und Emulgierung.

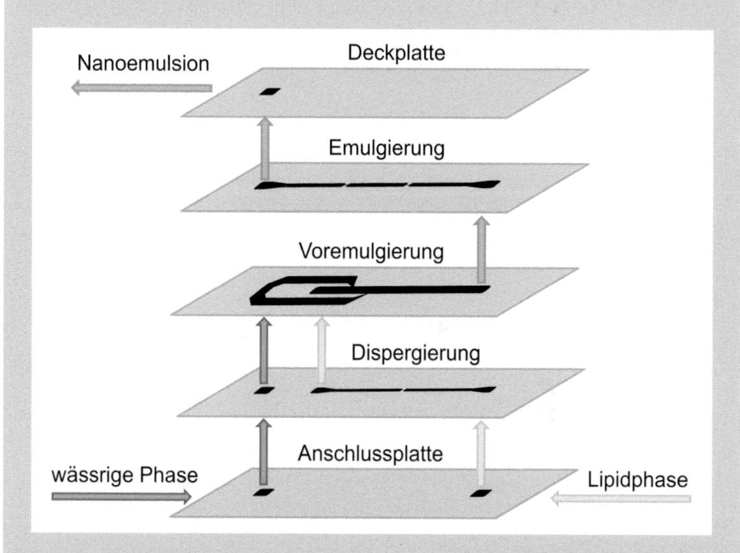

Abb. 10.3 Explosionszeichnung eines Mikrosystems zur Herstellung wirkstoffbeladener Lipid-Nanopartikel [8, S. 167]

Ausgangsstoffe sind eine wässrige Phase, die einen Emulgator enthält, zum Beispiel Natriumdodecylsulfat ($NaC_{12}H_{25}SO_4$), und eine lipophile Phase, in der die Wirkstoffkristalle suspendiert sind. Das Lipid kann beispielsweise aus Triglyceriden bestehen. Beide Phasen werden außerhalb des Mikroreaktors präpariert. Die Zerkleinerung und gleichmäßige Verteilung der Wirkstoffpartikel in der Lipidhase (Dispergierung) erfolgt in einem Mikrokanal mit einer 80 µm breiten und 300 µm langen Blende. Anschließend wird in der Mikrokomponente zur Voremulgierung ein Strahl einer wässrigen Emulgatorlösung gebildet, der separate Tropfen des mit Wirkstoffpartikeln beladenen Lipids enthält. Die Tropfen haben einen Durchmesser kleiner 1 µm. Im Emulgiermodul entstehen auf Grund der Kräfte, die durch die hohe Druckdifferenz und die sich verengenden Mikrokanäle erzeugt werden, Tropfen im Größenbereich von 100 nm. Die abschließende Kristallisation erfolgt in einem separaten Mikrosystem. Abb. 10.4 illustriert die Mikrokanalabmessungen an Hand des Moduls zur Emulgierung.

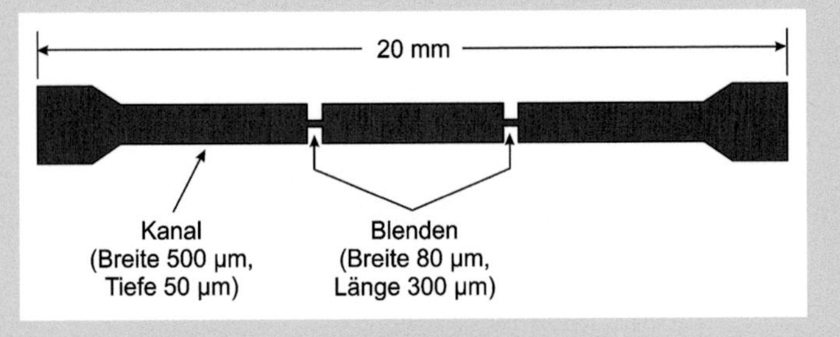

Abb. 10.4 Design eines Mikrokanals mit zwei Blenden zur Emulgierung

Als Ergebnis erhält man mit dem Wirkstoff beladene Lipid-Nanopartikel. Bei einer Druckdifferenz von 1500 bar konnten Partikel mit einer Größenverteilung von 60 bis 160 nm hergestellt werden [9].

Zusammenfassung

Neben den maskengebundenen Verfahren zur Herstellung von Mikrosystemen stehen die so genannten direkten Mikrostrukturierungsverfahren. Bei diesen wirkt ein Werkzeug direkt auf das zu strukturierende Material ein. Wichtige direkt strukturierende Techniken sind die Lasermikromaterialbearbeitung und die Mikrofunkenerosion.

Literatur

1. S. Büttgenbach, A. Dietzel, Fertigungsverfahren der Mikrotechnik, in *Dubbel, Taschenbuch für den Maschinenbau*, 24. Aufl., ed. by K.-H. Grote, J. Feldhusen (Springer, Berlin, 2014), S. S96–S105
2. T.H. Maiman, Stimulated Optical Radiation in Ruby. Nature **187**, 493–494 (1960)
3. R.D. Schaeffer, *Fundamentals of Laser Micromachining* (CRC Press, Boca Raton, 2012)
4. S. Büttgenbach, *Mikromechanik*, 2. Aufl. (B. G. Teubner, Stuttgart, 1994)
5. D. Bäuerle, *Laser processing and chemistry*, 4. Aufl. (Springer, Berlin, 2011)
6. K.P. Rajurkar, G. Levy, A. Malshe, M.M. Sundaram, J. McGeough, X. Hu, R. Resnick, A. DeSilva, Micro and nano machining by electro-physical and chemical processes. CIRP Annals – Manufacturing Technology **55**, 643–666 (2006)
7. C. Richter, T. Krah, S. Büttgenbach, Novel 3D manufacturing method combining microelectrical discharge machining and electrochemical polishing. Microsystem Technologies **18**, 1109–1118 (2012)
8. H. Bunjes, C.C. Müller-Goymann, Microsystems for emulsification, in *Microsystems for Pharmatechnology*, ed. by A. Dietzel (Springer, Heidelberg, 2016), S. 153–179
9. J.H. Finke, S. Niemann, C. Richter, T. Gothsch, A. Kwade, S. Büttgenbach, C.C. Müller-Goymann, Multiple orifices in customized microsystem high-pressure emulsification: The impact of design and counter pressure on homogenization efficiency. Chemical Engineering Journal **248**, 107–121 (2014)

Mikro-Nano-Integration 11

Der Begriff MIKRO-NANO-INTEGRATION beschreibt die Integration von Objekten der NANOTECHNOLOGIE in Mikrosysteme. Damit entsteht die Möglichkeit, neue innovative Produkte zu entwickeln. Es existiert eine Vielzahl von Definitionen für den Begriff Nanotechnologie, bei denen sich drei wichtige Aspekte abzeichnen:

- Nanotechnologie befasst sich mit Materialien, die in einer oder mehreren Dimensionen Strukturen kleiner als 100 nm aufweisen (1 nm = 10^{-3} µm = 10^{-9} m). Nanoskalige Basisstrukturen sind zum Beispiel Nanopartikel (drei Dimensionen im Nanomaßstab), Nanodrähte, -röhrchen und -stäbchen (zwei Dimensionen im Nanomaßstab) und Nanoschichten und -plättchen (eine Dimension im Nanomaßstab). Nanokomposite, nanokristalline Materialien und Agglomerate (lose gebundene Partikel) sowie Aggregate (stark gebundene Partikel) sind Beispiele für komplexe Nanoobjekte.
- Nanotechnologie beruht auf neuen größenabhängigen Funktionen, die keine Äquivalente in der makroskopischen Welt haben. Demgegenüber stehen Eigenschaften, die bei makroskopischen Objekten vorhanden sind und sich in den Nanometerbereich fortsetzen.
- Nanotechnologie stellt Verfahren bereit, um Nanostrukturen gezielt herzustellen und zu handhaben.

Technik im Fokus, DOI 10.1007/978-3-662-49773-9_11

In [1] wird eine Vielzahl von Funktionen nanoskaliger Strukturen detailliert beschrieben und untersucht, ob diese im Sinne obiger Definition zur Nanotechnologie zu zählen sind. Zum Beispiel erfüllt der bekannte Lotus-Effekt, der häufig als Paradebeispiel für die Eigenschaften von Nanostrukturen angeführt wird, die Definition nicht.

Mikro-Nano-Integration kann einerseits als Fortführung der Mikrosystemtechnik hin zu kleineren Strukturen mit Abmessungen im Nanometer-Bereich angesehen werden. Dies ist der so genannte Top-Down-Ansatz: Nanostrukturen werden mit Verfahren der Mikrosystemtechnik einem Material aufgeprägt. Eine zweite Herangehensweise ist der so genannte Bottom-Up-Ansatz: Nanoobjekte werden in Mikrosysteme integriert. Dabei werden die Verfahren der Selbstorganisation (Kap. 8) oder Selbstmontage angewendet (Abb. 11.1). Selbstmontage ist eine Methode, Nanobausteine wie zum Beispiel Nanoröhren in eine Mikrostruktur

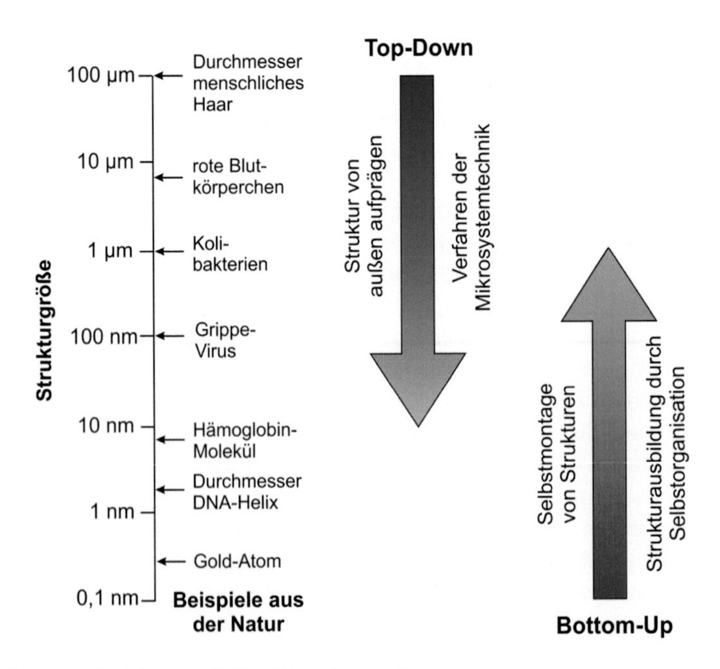

Abb. 11.1 Verfahren der Mikro-Nano-Integration

gezielt einzubringen. Ein aussichtsreiches Verfahren verwendet komplementäre DNA-Stränge. Dazu wird ein DNA-Einzelstrang an die vorgesehene Stelle der Mikrostruktur eingebaut. Das anzulagernde Nanoobjekt wird mit dem komplementären DNA-Strang versehen [2]. Ebenfalls auf den Eigenschaften der DNA beruht die sogenannte DNA-Nanotechnologie [3], die sich mit der Herstellung künstlicher dreidimensionaler DNA-Nanostrukturen befasst [4].

Im Folgenden werden einige Beispiele für Nanostrukturen und ihre Anwendung in der Mikrosystemtechnik gegeben. Eine umfassende Darstellung der Möglichkeiten der Mikro-Nano-Integration findet sich in [5].

- **Ferrofluide** sind Suspensionen von ferromagnetischen Nanopartikeln (Durchmesser kleiner ungefähr 20 nm) in einer Trägerflüssigkeit (zum Beispiel Wasser oder Öl). Um die Partikel gegen Agglomeration zu stabilisieren, werden sie mit einer Schutzschicht überzogen, die jedoch die magnetischen Eigenschaften nicht beeinflusst. Ferrofluide können durch Mahlen magnetischer Partikel mit Durchmessern im Mikrometer-Bereich in einer Kugelmühle hergestellt werden (Top-Down-Verfahren). Dabei müssen die Trägerflüssigkeit und Substanzen, die ein Zusammenklumpen der Partikel bereits während der Herstellung verhindern, zugesetzt werden. Eine synthetische Methode basiert auf Fällungsprozessen aus geeigneten Salzlösungen (Bottom-Up-Verfahren). Weitere Methoden zur Herstellung magnetischer Nanopartikel werden in [6] behandelt.
  Eine wichtige Eigenschaft, die durch die begrenzte Größe der Nanopartikel verursacht wird, ist der Superparamagnetismus. Ferromagnetische Materialien, wie Eisen, Kobalt und Nickel, werden in einem äußeren Magnetfeld magnetisiert. Nach Abschalten des äußeren Magnetfeldes behalten ferromagnetische Materialien teilweise ihre Magnetisierung. Auch paramagnetische Stoffe werden in einem äußeren Magnetfeld magnetisiert. Die Stärke der Magnetisierung – beschrieben durch die magnetische Permeabilität – ist jedoch wesentlich geringer als bei ferromagnetischen Stoffen. Außerdem verschwindet die Magnetisierung ganz, sobald das äußere Magnetfeld abgeschaltet wird. Zu den paramagnetischen Stoffen zählen unter anderem die Elemente der ersten und zweiten Hauptgruppe (außer Wasserstoff und Beryllium) und der dritten bis zehnten Nebengruppe des Periodensys-

tems der Elemente. Bei ferromagnetischen Materialien findet unterhalb einer bestimmten Partikelgröße (etwa 10–20 nm) ein Übergang vom Ferromagnetismus zum Superparamagnetismus statt: In einem äußeren Magnetfeld zeigen superparamagnetische Partikel ferromagnetisches Verhalten (hohe Magnetisierung). Beim Abschalten des äußeren Feldes zeigen sie jedoch paramagnetisches Verhalten, das bedeutet, dass die Magnetisierung wieder verschwindet. Diese Kombination von hoher Magnetisierung und paramagnetischem Verhalten eröffnet eine Vielzahl von Anwendungen in der Mikrosystemtechnik. Eine ausführliche Darstellung der magnetischen Eigenschaften von nanostrukturierten Materialien findet sich in [7]. Eine interessante Anwendung ist eine ferrofluidische Mikropumpe (Box 11.1).

- **Carbon Nanotubes**. Die 1991 von Sumio Iijima [8] entdeckten Nanoröhren aus Kohlenstoff (CNT, **C**arbon **N**ano**t**ubes) sind die derzeit am umfassendsten untersuchten Strukturen mit Abmessungen im Nanometer-Bereich in zwei Dimensionen. Die Wände der Röhren bestehen aus Kohlenstoff. Die Kohlenstoffatome haben jeweils drei Bindungspartner und bilden eine wabenartige Struktur. Die CNTs besitzen Durchmesser von < 1 nm bis zu einigen 10 nm, ihre Länge ist typischerweise einige Mikrometer, kann aber bis zu einigen Zentimetern betragen. CNTs können ein- und mehrwandig vorkommen.
  CNTs haben hervorragende mechanische, elektrische und thermische Materialeigenschaften. Dies führt zu einer großen Zahl von möglichen Anwendungen, auch in der Mikrosystemtechnik. Zum Beispiel kann die elektrische Leitfähigkeit der CNTs zwischen metallisch und halbleitend variieren. Dies macht sie interessant für die Entwicklung von Transistoren. Der Nachweis und die Bestimmung der Konzentration von Gasen sind von großer Bedeutung in vielen Anwendungsbereichen, zum Beispiel zur Überwachung von Kontaminationen in der Umwelt oder im Arbeitsumfeld. CNTs bieten aufgrund ihrer elektronischen Eigenschaften die Möglichkeit zur Entwicklung hochempfindlicher Gassensoren. Eine umfassende Übersicht über Anwendungen von CNTs ist in [9] zu finden.
  Die wichtigsten Methoden zur Herstellung von CNTs sind die Lichtbogenentladung zwischen zwei Graphitelektroden, die Laserablation von Graphit und die Chemische Gasphasen-Abscheidung. Der Welt-

markt für CNTs soll nach einer Marktstudie [10] von 2,3 Mrd. US-Dollar im Jahr 2015 auf 5,6 Mrd. US-Dollar im Jahr 2020 wachsen.

- **Selbstorganisierende Monolagen** (SAMs, **S**elf-**A**ssembled **M**onolayers) sind, wie in Kap. 8 bereits beschrieben, Nanoschichten mit einer Schichthöhe von nur einem Molekül [11]. Sie können sehr gut genutzt werden, um die Oberflächeneigenschaften von Metallen und Halbleitern geeignet zu verändern. SAMs sind selbstorganisierende Systeme, die sich spontan durch Adsorption und Selbstorganisation von organischen Molekülen auf geeigneten Substratoberflächen bilden. Bei dem in Box 9.2 vorgestellten massensensitiven Biosensor wird beispielsweise eine Alkanthiol-Monolage als vernetzende Zwischenschicht zwischen der Goldoberfläche des Quarzresonators und dem CRP-spezifischen Antikörper genutzt.
- **Magnetoresistive Effekte** beschreiben die Änderung des elektrischen Widerstands unter dem Einfluss eines äußeren Magnetfeldes. In dünnen Schichten (im Nanometerbereich) ferromagnetischer Übergangselemente treten MAGNETORESISTIVE EFFEKTE auf, die auf unterschiedlichen quantenphysikalischen Prinzipien beruhen. Magnetoresistive Sensoren können zur Messung von magnetischen, elektrischen und mechanischen Größen eingesetzt werden. Ihre Vorteile sind hohe Genauigkeit und Auflösung, hohe Empfindlichkeit und große Robustheit.
  Der anisotrope magnetoresistive Effekt (AMR, **A**nisotropic **M**agneto **R**esistance) wurde bereits 1857 von William Thomson (Baron Kelvin) entdeckt [12]. Er tritt in dünnen Schichten ferromagnetischer Materialien auf. Die Widerstandsänderung beträgt einige Prozent. Der AMR-Effekt wird seit den 1990er-Jahren vor allem in Schreib-Leseköpfen und Sensoren angewendet. Ein eindrucksvolles Beispiel sind magnetoresistive Sensoren, die die Bewegungen der Mars-Rover Spirit, Opportunity und Curiosity kontrollieren [13].
  Der Riesenmagnetowiderstandseffekt (GMR, **G**iant **M**agneto **R**esistance) wurde 1988 von Peter Grünberg vom Forschungszentrum Jülich und Albert Fert von der Universität Paris-Süd unabhängig voneinander entdeckt [14, 15]. 2007 erhielten sie gemeinsam den Nobelpreis für Physik. Der quantenmechanische Effekt tritt in Mehrschichtsystemen mit abwechselnd ferromagnetischen und nichtferromagnetischen Schichten auf. Die Schichtdicke beträgt wenige

Nanometer. Die Widerstandsänderung hängt unter anderem ab von der Temperatur und der Dicke der Schichten und liegt im Bereich von einigen 10 %. Der GMR-Effekt wird in magnetischen Schreib-Leseköpfen angewendet. Weitere Anwendungen sind Sensoren im Automobilbereich, zum Beispiel Winkelsensoren zur Bestimmung des Lenkradwinkels.

Der magnetische Tunnelwiderstandseffekt (TMR, **T**unneling **M**agneto **R**esistance) wurde 1975 von M. Jullière entdeckt [16]. Die Widerstandsänderung bei Raumtemperatur betrug weniger als 1 %, so dass der TMR-Effekt zunächst wenig Beachtung fand. Inzwischen werden Effekte bis zu einigen Hundert Prozent erreicht. Der TMR-Effekt wird in Schreib-Leseköpfen, nichtflüchtigen Datenspeichern und Sensoren angewendet.

Der kolossale magnetoresistive Effekt (CMR, **C**olossal **M**agneto **R**esistance) wurde 1950 von J. H. van Santen und G. H. Jonker [17] entdeckt. Seit Anfang der 1990er-Jahre wird der CMR-Effekt intensiv erforscht. Er tritt zum Beispiel in dotierten Manganoxiden auf. Änderungen des Widerstands um über 1000 % erscheinen möglich. Dieser Effekt befindet sich noch im Forschungsstadium. Mögliche Anwendungen liegen im Bereich der Festplattenlaufwerke.

Box 11.1 Schonende Förderung von Biofluiden

In biomedizinischen Anwendungen sind oft Flüssigkeiten zu pumpen, die empfindliche Partikel enthalten, zum Beispiel Blut. Dazu kann eine Mikropumpe auf Basis von Ferrofluiden eingesetzt werden [18]. In einem kreisförmigen Mikrokanal befinden sich zwei ferrofluidische Pfropfen, die mit Hilfe äußerer Magnetfelder im Kanal bewegt werden können (Abb. 11.2). Ein Pfropfen wird mit einem feststehenden Permanentmagneten als Ventil zwischen Ein- und Auslass der Pumpe fixiert. Der zweite Pfropfen dient als Kolben und wird mit Hilfe eines rotierenden Permanentmagneten im Kanal bewegt. Dadurch wird Flüssigkeit durch den Einlass in die Pumpe hineingezogen und durch den Auslass herausgedrückt. Kontinuierliches Pumpen wird dadurch erreicht, dass der als Kolben dienende Pfropfen sich am Ende eines Pumpzyklus mit dem als

Ventil dienenden Pfropfen verbindet. Sobald der rotierende Magnet sich weiter bewegt, erfährt ein Teil des Ferrofluids eine stärkere magnetische Kraft und bildet einen neuen Kolben, der sich mit dem rotierenden Magneten bewegt. Ein großer Vorteil dieses Pumpdesigns ist die Tatsache, dass nur geringe Scherkräfte im Inneren des Pumpkanals auftreten [19]. Dies prädestiniert dieses Prinzip für biomedizinische Anwendungen. Ein weiterer Vorteil ist die Möglichkeit die Pumprichtung auf einfache Weise umzukehren, indem die Bewegungsrichtung des rotierenden Pfropfens umgekehrt wird.

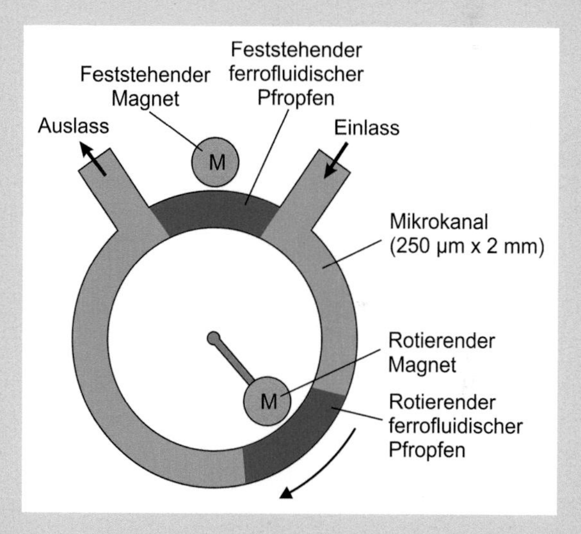

Abb. 11.2 Konzept der ferrofluidischen Mikropumpe. (Nach Hatch et al. [18, S. 216])

Voraussetzung für dieses Pumpprinzip ist, dass sich die zu pumpende Flüssigkeit nicht mit dem Ferrofluid mischt. Diese Einschränkung wird aufgehoben in einer Weiterentwicklung dieses Pumpprinzips. Die ferrofluidischen Pfropfen werden durch polymergebundene Magnete ersetzt und die externen Magnete durch integrierte Mikrospulen (Kap. 5; [20]). Abb. 11.3 zeigt eine Prinzipskizze. Bei dieser Weiterentwicklung werden allerdings keine Nanomaterialien eingesetzt. Die polymergebundenen Magnete bestehen aus ferromagnetischem Pulver (Partikelgröße im Mikrometerbereich) in einer Polymermatrix. Das Beispiel wird hier aufgeführt, weil das Prinzip direkt auf der oben beschriebenen ferrofluidischen Pumpe beruht.

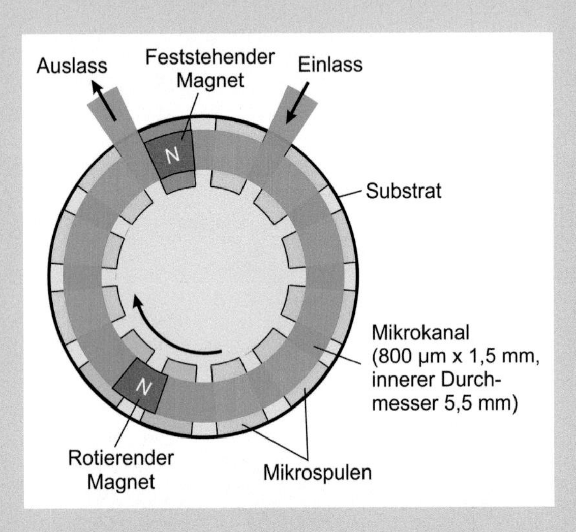

Abb. 11.3 Mikropumpe zur schonenden Förderung von Biofluiden. (Büttgenbach [21])

Zusammenfassung

Nanotechnologie befasst sich mit Materialien im Nanometer-Bereich, bei denen neue größenabhängige Funktionen auftreten, die keine Äquivalente in der makroskopischen Welt haben. Die Integration von Nanostrukturen in mikrotechnische Systeme führt zu neuen innovativen Produkten. Beispiele für nanostrukturierte Materialien mit interessanten Anwendungen in der Mikrosystemtechnik sind Ferrofluide, Nanoröhren aus Kohlenstoff, selbstorganisierende Nanoschichten mit einer Höhe von einer Moleküllage und magnetoresistive Werkstoffe.

Literatur

1. G. Schmid, M. Decker, H. Ernst, H. Fuchs, W. Grünwald, A. Grunwald, H. Hofmann, M. Mayor, W. Rathgeber, U. Simon, D. Wyrwa, *Small dimensions and material properties – a definition of nanotechnology* Graue Reihe, Bd. 35 (Europäische Akademie zur Erforschung von Folgen wissenschaftlich-technischer Entwicklungen, Bad Neuenahr-Ahrweiler, 2003)
2. K. Keren, R.S. Berman, E. Buchstab, U. Sivan, E. Braun, DNA-templated carbon nanotube field-effect transistor. Science **302**, 1380–1382 (2003)
3. N.C. Seeman, Nanotechnology and the double helix. Scientific American **290**, No. 6(Juni), 64–75 (2004)
4. T. Gerling, K.F. Wagenbauer, A.M. Neuner, H. Dietz, Dynamic DNA devices and assemblies formed by shape-complementary, non-base pairing 3D components. Science **347**, 1446–1452 (2015)
5. F. Greiner, H.F. Schlaak, G. Tschulena, W. Korb, *Mikro-Nano-Integration – Einsatz von Nanotechnologien in der Mikrosystemtechnik* Schriftenreihe der Aktionslinie Hessen-Nanotech des Hessischen Ministeriums für Wirtschaft, Verkehr und Landesentwicklung, Bd. 13 (Hessisches Ministerium für Wirtschaft, Verkehr und Landesentwicklung, Wiesbaden, 2011)
6. C. Raab, M. Simkó, U. Fiedeler, M. Nentwich, A. Gazsó, Herstellungsverfahren von Nanopartikeln und Nanomaterialien 2008). NanoTrust Dossier Nr. 006. http://epub.oeaw.ac.at/ita/nanotrust-dossiers/dossier006.pdf, Zugegriffen: 27. Mai 2016
7. D.L. Leslie-Pelecky, R.D. Rieke, Magnetic properties of nanostructured materials. Chemistry of Materials **8**, 1770–1783 (1996)
8. S. Iijima, Helical microtubules of graphitic carbon. Nature **354**, 56–58 (1991)
9. L. Brand, M. Gierlings, A. Hoffknecht, V. Wagner, A. Zweck, *Kohlenstoff-Nanoröhren: Potenziale einer neuen Materialklasse für Deutschland*, Zukünftige Technologien, Bd. 79 (VDI Technologiezentrum, Düsseldorf, 2009)
10. MarketsandMarkets, *Carbon Nanotubes Market – Global Forecasts to 2020*, Report Code: CH 3951, Dezember 2015. http://www.marketsandmarkets.com/Market-Reports/carbon-nanotubes-139.html, Zugegriffen: 27. Mai 2016
11. J.C. Love, L.A. Estroff, J.K. Kriebel, R.G. Nuzzo, G.M. Whitesides, Self-assembled monolayers of thiolates on metal as a form of nanotechnology. Chemical Reviews **105**, 1103–1169 (2005)
12. W. Thomson, *On the electro-dynamic qualities of metals: effects of magnetization on the electric conductivity of nickel and of iron*, Proceedings of the Royal Society of London 8, (1856–1857), S. 546–550
13. R. Slatter, *Magnetic sensors on Mars – a German contribution to the "Curiosity" mission* Conference on Innovative Small Drives and Micro-Motor-Systems, Nürnberg. 2013), S. 147–151

14. G. Binasch, P. Grünberg, F. Saurenbach, W. Zinn, Enhanced magnetoresistance in layered magnetic structures with antiferromagnetic interlayer exchange. Physical Review B **39**, 4828–4830 (1989)
15. M.N. Baibich, J.M. Broto, A. Fert, F. Nguyen VanDau, F. Petroff, P. Eitenne, G. Creuzet, A. Friederich, J. Chazelas, Giant magnetoresistance of (001)Fe/(001)Cr magnetic superlattices. Physical Review Letters **61**, 2472–2475 (1988)
16. M. Jullière, Tunneling between ferromagnetic films. Physics Letters A **54**, 225–226 (1975)
17. J.H. van Santen, G.H. Jonker, Electrical conductivity of ferromagnetic compounds of manganese with perovskite structure. Physica **16**, 599–600 (1950)
18. A. Hatch, A.E. Kamkolz, G. Holman, P. Yager, K.F. Böhringer, A ferrofluidic magnetic micropump. Journal of Microelectromechanical Systems **10**, 215–221 (2001)
19. M.I. Kilani, A.T. Al Halhouli, S. Büttgenbach, Shear stress analysis in a ferrofluidic magnetic micropump. Nanoscale and Microscale Thermophysical Engineering **15**, 1–15 (2011)
20. A.T. Al Halhouli, M.I. Kilani, A. Waldschik, A. Phataralaoha, S. Büttgenbach, Development and testing of a synchronous micropump based on electroplated coils and microfabricated polymer magnets. Journal of Micromechanics and Microengineering **22**, 065027 (2012). (8 Seiten)
21. S. Büttgenbach, Electromagnetic micromotors – design, fabrication and applications. Micromachines **5**, 938 (2014)

12 Ausblick

Der erste Massenmarkt für mikrosystemtechnische Produkte (seit den 1990er-Jahren) war der Automobilmarkt. Eine Vielzahl von Mikrosensoren, wie zum Beispiel Beschleunigungssensoren, Drehratensensoren und Drucksensoren, werden in modernen Kraftfahrzeugen eingesetzt. Der zweite Massenmarkt, der in den 2000er-Jahren entstand, ist der Markt für Konsumelektronik. In Tablet-PCs, Smartphones, Spielekonsolen, Kameras und anderen elektronischen Geräten werden viele unterschiedliche mikrosystemtechnische Bauelemente wie Bewegungssensoren, Mikrophone und mikrooptische Baugruppen verwendet. Der dritte Marktschub für Mikrosystemprodukte wird von dem so genannten Internet der Dinge erwartet [1]. Der Begriff Internet der Dinge (IOT, **I**nternet **o**f **T**hings) beschreibt die Verknüpfung physischer Objekte (Dinge) über das Internet. Dinge im Sinne des IoT können sehr vielfältige technische Einheiten sein wie Fahrzeuge mit Fahrerassistenzsystemen, implantierte Sensoren, die die Herzfunktionen überwachen, und Sensorsysteme zur Überwachung der Umwelt. Die Verbindung von Daten, die mit Sensoren gewonnen werden, mit Daten aus anderen Quellen, zum Beispiel dem Internet, kann zu wesentlich verbesserten Diensten führen. Der Aufsatz *The computer for the 21st century* von Mark Weiser aus dem Jahr 1991 [2] beschrieb bereits eine solche Vision und bezeichnete sie als Ubiquitous Computing. Schätzungen gehen davon aus, dass die Zahl der im IoT verknüpften Dinge von 4,9 Mrd. im Jahr 2015 auf 25 Mrd. im Jahr 2020 ansteigt [3].

Technik im Fokus, DOI 10.1007/978-3-662-49773-9_12

Ein wesentlicher Wegbereiter für das IoT ist die Mikrosystemtechnik. Mikrosysteme einschließlich Signalverarbeitung, Energieversorgung und Funkchips können so klein, leistungsarm und kostengünstig hergestellt werden, dass sie in großen Stückzahlen eingesetzt werden können. Die Integration dieser unterschiedlichen Funktionalitäten in einer Einheit wird als **S**mart **S**ystem **I**ntegration (SSI) oder als **S**ystem-**i**n-**P**ackage (SiP) bezeichnet. Demgegenüber ist für rein mikroelektronische Systeme, die auf einem einzigen Chip integriert sind, der Begriff **S**ystem-**o**n-**C**hip (SoC) gebräuchlich. SiPs enthalten im Allgemeinen SoCs als Untereinheiten. Während die SoCs weiterhin dem mooreschen Gesetz folgen, gilt dies nicht für die SiPs. Daher rühren auch die Schlagworte MORE MOORE (Trend zur Miniaturisierung von SoCs) und MORE-THAN-MOORE (Trend zur Diversifizierung von SiPs).

Die Entwicklung einiger spezifischer zukünftiger Anwendungs- und Technologiefelder werden im Folgenden näher erläutert:

- **Gesundheit.**
  Der Gesundheitsmarkt für Mikrosysteme wird bestimmt durch die steigende Nachfrage nach miniaturisierten und kostengünstigen Geräten zur schnellen Diagnose und individuellen Behandlung von Krankheiten. Ein großes Anwendungsfeld sind mikrofluidische Systeme zur Detektion und Analyse biologischer Materialien wie Proteine, Bakterien und Blut.
  Erkennbar ist ein zunehmender Trend zu drahtlosen, autonomen Sensorsystemen, die in der Kleidung oder auf dem Körper getragen oder implantiert werden können. Sie dienen der personalisierten Gesundheitsüberwachung [4]. Sie können zum Beispiel zur langfristigen Überwachung diagnostisch relevanter Parameter wie EKG, Blutdruck und Puls angewendet werden. Eine weitere Anwendung ist die Erkennung von sich anbahnenden Anfällen bei bestimmten Krankheiten, zum Beispiel Epilepsie. Auch die automatisierte Medikamentenverabreichung ist ein wichtiges Anwendungsfeld für mikrosystemtechnische Lösungen. Hierzu sind implantierbare Wirkstoffdosiersysteme erforderlich.
  Funktionale Implantate spielen ebenfalls eine große Rolle für den zukünftigen Markt für Mikrosysteme im Gesundheitswesen. Dazu gehören beispielsweise Implantate zur Stimulation neuronaler Aktivi-

täten, künstliche Organe und Organteile, die Organfunktion ersetzen oder unterstützen, und die bereits erwähnten implantierbaren Sensor- und Medikamentenverabreichungssysteme [5]. Anwendungsbeispiele sind die Hirnstimulation bei Parkinson, die Hirndruckregelung bei Hydrocephalus (Wasserkopf), Hörprothesen für Gehörlose (Cochlea-Implantate) und Sehprothesen für sehbehinderte Menschen (Retina-Implantate). Die Implantate müssen biokompatibel sein, das heißt sie dürfen Organfunktionen weder stören noch gefährden. Außerdem sollen sie lange im Körper verbleiben und drahtlos kommunizieren können sowie wenig Energie verbrauchen. Hier ist noch ein großer Forschungs- und Entwicklungsbedarf vorhanden.

- **Sicherheit.**
  Das Anwendungsfeld Sicherheit umfasst alle Maßnahmen, die dazu dienen können, die Folgen unerwünschter und gefährlicher Ereignisse zu verhindern. Betroffen sein können Menschen, Sachen, Infrastrukturen, Lieferungen und immaterielle Güter. Gefahren können ausgehen von externen Quellen (Umwelt, Technik, Menschen) und internen Fehlfunktionen von Gebrauchsgütern. Zu den Maßnahmen, die Auswirkungen gefährlicher Ereignisse zu vermeiden oder zu mildern, gehören zum Beispiel die Aufdeckung potentiell bedrohlicher Situationen und die Authentifizierung und die Rückverfolgbarkeit von Personen und Objekten. Eine detaillierte Diskussion findet sich in einer Untersuchung der CATRENE Organisation (**C**luster for **A**pplication and **T**echnology **R**esearch in **E**urope on **N**ano**E**lectronics) [6].
  Für mikrosystemtechnische Produkte ergeben sich hier viele Anwendungen. Zur Authentifizierung von Personen können Sensoren als Hardware-Komponente eines biometrischen Systems eingesetzt werden. Beispiele sind kapazitive und optische Fingerabdrucksensoren und mobile, online DNA-Sensoren.
  Zur Authentifizierung und Rückverfolgung von Personen, Tieren und Objekten werden häufig RFID-Systeme eingesetzt. RFID steht für **R**adio-**F**requency **Id**entification (Identifizierung mit Hilfe hochfrequenter elektromagnetischer Wellen). Zentrale Elemente eines RFID-Systems sind der so genannte Transponderchip, der sich am Körper oder am Objekt befindet und der einen charakteristischen Code enthält, und ein Gerät, das diesen Code auslesen kann. Der Transponderchip kann auch implantiert werden, zum Beispiel bei Tieren.

RFID-Systeme weisen allerdings Sicherheitslücken auf. Daten, die auf dem Transponderchip gespeichert sind oder zwischen dem Chip und dem Auslesegerät ausgetauscht werden, können von Angreifern ausgelesen und missbraucht werden. Hier setzt das Konzept der physikalisch nicht klonierbaren Funktionen (PUF, **P**hysical **U**nclonable **F**unctions) an [7]. So wie zur Authentifikation von Personen biometrische Merkmale herangezogen werden, nutzt diese Sicherheitstechnik eine Art Fingerabdruck. Bei der Produktion von Chips entstehen kleine Unterschiede zwischen den einzelnen Chips, die keinen Einfluss auf die Funktion haben, aber zu einer eindeutigen Identifizierung genutzt werden können. Aus den PUFs wird ein bauteilspezifischer Code erstellt. Dieser wird nicht auf dem Chip gespeichert, sondern auf Anfrage jedes Mal neu generiert. Der Code kann daher von Angreifern so gut wie nicht extrahiert und geklont werden. Seit einigen Jahren werden elektronische Funktionen als PUFs in Chips integriert [8]. Ein völlig anderer Ansatz besteht in der Integration von mikrosystemtechnischen PUFs (MEMS basierte PUFs). Die Nutzung bauteilspezifischer Eigenschaften von Mikrosensoren [9], von Kondensatoren mit Kammstruktur [10] oder von schwingungsfähigen Mikrostrukturen [8] wurde vorgeschlagen.
Mikrosysteme, deren Bedeutung für Sicherheit zukünftig noch weiter zunehmen wird, sind Gas- und chemische Sensoren. Diese können beispielsweise zur Messung von Luft- und Gewässerverunreinigungen und zur Überwachung sowohl von Lebensmitteln wie auch von infizierten Personen dienen.

- **Integrierte Energieversorgung** (POWER MEMS).
  Die Entwicklung hin zu portablen, drahtlos vernetzten, autonomen Mikrosystemen im IoT erfordert die Verfügbarkeit geeigneter Energiequellen, die entsprechend der More-than-Moore-Strategie in das Gesamtsystem integriert werden können. Dies können zum Beispiel Mikrobrennstoffzellen oder Systeme, die Energie aus der Umgebung gewinnen (Energy Harvesting), sein [11].
  Energy Harvesting. Die hauptsächlichen Quellen zur Gewinnung von Energie aus der Umgebung sind Vibrationen, Wärme und Sonnenenergie. Die Umsetzung von Vibrationsenergie in elektrische Energie ist ein zweistufiger Prozess. Zunächst werden die Vibrationen in eine relative Bewegung zwischen einem Rahmen, der an der Vibrations-

quelle befestigt ist, und einer Masse, die an einer Feder am Rahmen aufgehängt ist, umgewandelt. Die Bewegung der Masse wird dann mit einem piezoelektrischen, elektrostatischen oder induktiven Energiewandler in elektrische Energie umgesetzt. Dazu wird ein piezoelektrisches Material, das elektrische Ladungen bei mechanischer Verformung generiert, ein Kondensator, dessen eine Elektrode beweglich ist, oder ein Permanentmagnet, der sich relativ zu einer Spule bewegt, eingesetzt. Wird das Feder-Masse-System in Resonanz betrieben, ergeben sich größere Bewegungsamplituden und damit ein größerer Energiegewinn. Alle drei Varianten lassen sich mikrotechnisch realisieren [11, 12].

Thermoelektrische Generatoren nutzen den so genannten Seebeck-Effekt. Dieser Effekt ist die Umkehrung des bekannten Peltier-Effektes, der zu Kühlzwecken verwendet wird. Der Seebeck-Effekt gestattet die direkte Umwandlung eines Temperaturgradienten in elektrische Energie. Zentrales Element eines Thermogenerators ist eine Thermosäule, die aus einer Vielzahl von Thermoelementen besteht. Diese sind thermisch parallel und elektrisch seriell verbunden. Die Thermosäule wird zwischen einer heißen und einer kalten Platte platziert. Die Thermoelemente bestehen aus zwei miteinander verbundenen, entgegengesetzt dotierten Halbleitern, zum Beispiel Bismuttellurid (Bi_2Te_3). Die Thermogeneratoren können mittels DÜNNSCHICHTTECHNOLOGIE (Kap. 2) hergestellt werden.

Photovoltaikzellen setzen die Lichtenergie in elektrische Energie um. Bei Anwendung im Inneren von Gebäuden ist die Höhe der elektrischen Leistung vergleichbar mit den anderen Verfahren zur Energiegewinnung.

Auch hochfrequente Funkwellen können zur Energiegewinnung ausgenutzt werden. Dazu ist jedoch ein Sender erforderlich, der Hochfrequenz-Energie emittiert. Dies kann entweder ein unabhängig existierender Sender (zum Beispiel GSM, **G**lobal **S**ystem for **M**obile Communications) sein oder ein speziell zum Zweck der Energieübertragung eingerichteter Sender.

Energy Harvesting mit mikrotechnischen Systemen ist ein aktuelles Forschungs- und Entwicklungsgebiet. Die Angaben zur Ausgangsleistung der verschiedenen Verfahren streuen sehr stark. Die in Tab. 12.1 angegebenen Daten zeigen, dass Energy Harvesting im

Tab. 12.1 Vergleich der erreichbaren Leistungsdichten verschiedener Umgebungsenergiequellen

Energiequelle	Erreichbare Leistungsdichte	Referenz
Licht	100 μW/cm^2 (künstliches Licht)	[13]
	100 mW/cm^2 (direktes Sonnenlicht)	[13]
Temperaturgradient	60 μW/cm^2 (Mensch)	[13]
	10 mW/cm^2 (Maschine)	[14]
Mechanische Vibrationen	4 μW/cm^3 (Mensch)	[13]
	800 μW/cm^3 (Maschine)	[13]
Funkwellen	0,1 μW/cm^2 (Umgebung)	[14]

Mikromaßstab im Leistungsbereich von etwa 10 μW bis 10 mW effektiv genutzt werden kann. Diese Leistung ist typisch für einen so genannten Sensorknoten in einem drahtlosen Sensornetzwerk. Dies ist ein Sensor, der physikalische oder chemische Größen misst und das digitalisierte Signal drahtlos überträgt. Anwendungen sind zum Beispiel Umweltüberwachungen oder die Überwachung von Maschinen und Bauwerken zur Schadensfrüherkennung.

Mikrobrennstoffzellen. Mikrobrennstoffzellen wandeln mittels einer elektrochemischen Reaktion chemische Energie eines Brennstoffs, zum Beispiel Wasserstoff, in elektrische Energie um. Mikrobrennstoffzellen bestehen aus einer Anode und einer Kathode, zwischen denen sich ein Elektrolyt, häufig eine Polymermembran, befindet. An der Anode wird unter Verwendung eines Katalysators (Platin) der Brennstoff oxidiert. Es entstehen positiv geladene Ionen und negativ geladene Elektronen. Die Ionen diffundieren durch den Elektrolyt zur Kathode, und die Elektronen werden in einem äußeren Stromkreis zur Kathode geleitet. Dort wird Luftsauerstoff unter Bildung von Wasser reduziert. Die elektrische Energie wird genutzt, indem Anode und Kathode an einen elektrischen Verbraucher angeschlossen werden. Die Gesamtreaktion der Zelle lässt sich schreiben als:

$$2\,H_2 + O_2 \rightarrow 2\,H_2O \tag{12.1}$$

Verglichen mit Batterien sind Mikrobrennstoffzellen kleiner und leichter und verfügen über eine deutlich höhere Energiedichte. Intensive Forschungs- und Entwicklungsarbeiten gelten der Miniaturisierung von Brennstoffzellen mit dem Ziel, diese in elektronische Geräte – Mobiltelefone, Tabletcomputer, implantierbare Medizingeräte und Sensoren in drahtlosen Sensornetzwerken – zu implantieren. Dabei besteht ein Schwerpunkt in der sicheren Beherrschung des Wärme- und Wassermanagements. Eine interessante Entwicklung sind Untersuchungen zu einer so genannten Biobrennstoffzelle, die biologische Brennstoffe, zum Beispiel Glukose, nutzt [13].

Die bereits in der Einleitung (Kap. 1) erwähnte Marktstudie [14] gibt eine jährliche Wachstumsrate von 13 % für die Jahre von 2011 bis 2017 an. Janusz Bryzek ist einer der Pioniere der MEMS-Industrie, der mehrere Startup-Unternehmen im Silicon Valley auf dem Gebiet der Mikrosystemtechnik mitgegründet hat. Er sieht ein noch stärkeres Wachstumspotential und entwickelte einen Strategieplan, um ein Marktvolumen von bis zu 1000 Mrd. US-Dollar im Jahr 2022 zu erreichen [15]. Kritische Erfolgsfaktoren sind einerseits eine Verkürzung der Entwicklungszeiten mikrosystemtechnischer Produkte und andererseits die Standardisierung von Fertigungsprozessen.

Zusammenfassung
Der dritte Marktschub für mikrosystemtechnische Produkte – nach den Massenmärkten Automobiltechnik und Konsumerelektronik – wird vom „Internet der Dinge“ erwartet. Internet der Dinge steht für die Verknüpfung physischer Objekte wie zum Beispiel Fahrerassistenzsysteme, implantierte Sensoren und Sensorsysteme zur Umweltüberwachung über das Internet. Wegbereiter ist die Mikrosystemtechnik, die unterschiedliche Funktionen in einer Einheit integriert. Wichtige zukünftige Technologiefelder sind Mikrosysteme im Gesundheits- und Sicherheitsbereich sowie integrierte Energieversorgung für autarke Mikrosysteme. Janusz Bryzek, ein Pionier der Mikrosystemtechnik, sieht ein Wachstumspotential von bis zu 1000 Mrd. US-Dollar im Jahr 2022.

Literatur

1. B.M. Service, Vier Milliarden MEMS-Sensoren von Bosch – Schlüsseltechnologie für das Internet der Dinge 2014). Presseinformation. http://www.bosch-presse.

de/presseforum/details.htm?txtID=6860 (Erstellt: 25. Juni), Zugegriffen: 27. Mai 2016
2. M. Weiser, The computer for the 21st century. Scientific American **265**, Issue 3(September), 94–104 (1991)
3. Gartner, Gartner Says 4.9 Billion Connected "Things" Will Be in Use in 2015 2014). Press Release. http://www.gartner.com/newsroom/id/2905717 (Erstellt: November 11, 2014), Zugegriffen: 27. Mai 2016
4. G. De Micheli, *E-health: from sensors to systems* 18th International Conference on Solid-State Sensors, Actuators and Microsystems, Anchorage, Alaska. 2015), S. 3–6
5. Verband der Elektrotechnik, Elektronik und Informationstechnik, *VDE Positionspapier Mikro-/Nano-Implantate* (Verband der Elektrotechnik, Elektronik und Informationstechnik, Frankfurt, 2007)
6. W. Arden, M. Brillouët, P. Cogez, M. Graef, B. Huizing, R. Mahnkopf, J. Pelka, J.-U. Pfeiffer, A. Rouzaud, M. Tartagni, C. Van Hoof, J. Wagner, Towards a "More-than-Moore" roadmap – Report from the CATRENE Scientific Committee 2011). http://www2.imec.be/content/user/File/MtM%20WG%20report.pdf (Erstellt: 8. November 2011), Zugegriffen: 27. Mai 2016
7. B. Moyer, A PUF piece – revealing secrets buried deep within your silicon, Electronic Engineering Journal. http://www.eejournal.com/archives/articles/20110124-puf, Zugegriffen: 27. Mai 2016
8. R. Maes, I. Verbauwhede, Physically unclonable functions: a study on the state of the art and future research directions, in *Towards Hardware-Intrinsic Security*, ed. by A.-R. Sadeghi, D. Naccache (Springer, Berlin, Heidelberg, 2010), S. 3–37
9. A. Aysu, N.F. Ghalaty, Z. Franklin, M. Pahlavan Yali, P. Schaumont, *Digital fingerprints for low-cost platforms using MEMS sensors* Workshop on Embedded Systems Security, Montreal, Canada. 2013), S. 2:1–2:6
10. D. Roy, J.H. Klootwijk, N.A.M. Verhaegh, H.H.A.J. Roosen, R.A.M. Wolters, Comb capacitor structures for on-chip physical uncloneable function. IEEE Transactions on Semiconductor Manufacturing **22**, 96–102 (2009)
11. M. Belleville, E. Cantatore, H. Fanet, P. Fiorini, P. Nicole, M. Pelgrom, C. Piguet, R. Hahn, C. Van Hoof, R. Vullers, M. Tartagni, Energy autonomous systems: future trends in devices, technology, and systems, CATRENE-Report on Energy Autonomous Systems 2009). http://www2.imec.be/content/user/File/EAS_report_v28.pdf, Zugegriffen: 27. Mai 2016
12. R.J.M. Vullers, R. van Schaijk, I. Doms, C. Van Hoof, R. Mertens, Micropower energy harvesting. Solid-State Electronics **53**, 684–693 (2009)
13. F. Davis, S.P.J. Higson, Biofuel cells – recent advances and applications. Biosensors and Bioelectronics **22**, 1224–1235 (2007)
14. E. Mounier, *MEMS Markets and Applications*, 2nd Workshop on Design, Control and Software Implementation for Distributed MEMS, Besancon, Frankreich, 02.–03.04.2012. http://dmems.univ-fcomte.fr/presentations/mounier.pdf, Zugegriffen: 27. Mai 2016

15. J. Bryzek, Emergence of a $Trillion MEMS sensor market, SensorsCon, Santa Clara, Kalifornien, 21.03.2012. http://www.iot-summit.org/English/Archives/201203/Presentations/Janusz_Bryzek_SensorsCon2012.pdf, Zugegriffen: 27. Mai 2016
16. F. Yildiz, Potential ambient energy-harvesting sources and techniques. The Journal of Technology Studies **35**, 40–48 (2009)
17. J. Carpenter, Y. Ramadass, *Fundamentals of ambient energy transducers in energy harvesting systems*, Electronic Component News, online edition of US print magazine ECN, March 13, 2012. http://www.ecnmag.com/article/2012/03/fundamentals-ambient-energy-transducers-energy-harvesting-systems, Zugegriffen: 27. Mai 2016

Glossar

Aktor Bauelement, das verschiedene Energiearten, häufig elektrische Energie, zur Verrichtung von Arbeit in mechanische Energie umsetzt. Ein Mikroaktor wird mit mikrotechnischen Verfahren hergestellt.

Aspektverhältnis Verhältnis von Tiefe beziehungsweise Höhe einer Struktur zu ihrer Breite.

Ätzen Abtragung von Material durch Anwendung ätzender Stoffe. Beim nasschemischen Ätzen erfolgt der Ätzprozess durch Eintauchen in ein chemisches Bad oder durch Besprühen mit der Ätzlösung, beim Trockenätzen wird das Material durch ein gasförmiges Ätzmedium abgetragen. Die Ätzrate ist bei einem isotropen Ätzprozess richtungsunabhängig, das heißt das Material wird in alle Richtungen gleichmäßig abgetragen. Bei einem anisotropen Ätzprozess ist die Ätzrate richtungsabhängig.

Batch-Fertigung, Batch-Prozess Gleichzeitige Fertigung vieler (hunderter bis tausender) Bauelemente innerhalb eines Prozessablaufs. Auf jedem Wafer befinden sich viele Chips, die im letzten Fertigungsschritt vereinzelt werden. Außerdem werden viele Wafer (typischer Weise Lose von 25 Wafern) gleichzeitig prozessiert.

Belichtung In der Fotolithografie werden drei Arten der Maskenprojektion angewendet. Bei der Kontaktbelichtung wird die auf dem resistbeschichteten Substrat aufliegende Maske mittels Schattenprojektion abgebildet. Die Proximitybelichtung ist ebenfalls eine Schattenprojektion, Maske und Substrat sind in einem Abstand voneinander angeordnet, um Beschädigungen von Maske und Substrat infolge ihres Kontaktes zu vermeiden. Die Projektionsbelichtung nutzt ein komplexes optisches System, um die Maskenstruktur auf das Substrat zu

Technik im Fokus, DOI 10.1007/978-3-662-49773-9

projizieren. Alternativ gibt es die so genannten direktschreibenden (maskenlosen) Belichtungsverfahren, bei denen die Maskenstrukturen mit Hilfe eines Laser- oder Elektronenstrahls direkt in die Resistschicht geschrieben werden.

Biochip Lab-on-a-Chip-System zur dezentralen Diagnostik und zur Selbstkontrolle durch den Patienten.

Biosensor Sensor, der die zu bestimmenden Substanzen mit Hilfe biologisch aktiver Systeme, zum Beispiel Enzyme oder Antikörper, erkennt und in ein Signal wandelt, das anschließend in ein elektrisches Signal umgesetzt wird.

CAD Computer-Aided Design, rechnerunterstütztes Konstruieren.

Chip Rechteckiges, ungehäustes Stück eines Substrats, auf dem sich ein mikroelektronisches oder mikrosystemtechnisches Bauelement befindet. Das Heraustrennen der Chips aus dem Substrat erfolgt durch Sägen oder Laserstrahlschneiden.

CVD Chemical Vapor Deposition, chemische Gasphasenabscheidung; Abscheidung eines Feststoffes durch chemische Reaktion gasförmiger Komponenten auf der Oberfläche des zu beschichtenden Substrats.

Dotieren Einbringen von Fremdatomen in einen Halbleiter zur gezielten Beeinflussung der Leitfähigkeit. Dotieren erfolgt im Allgemeinen durch Diffusion oder Ionenimplantation.

DRIE Deep Reactive Ion Etching, reaktives Ionentiefenätzen; anisotroper Trockenätzprozess zur Herstellung von Silizium-Mikrostrukturen mit hohen Aspektverhältnissen und steilen Seitenwänden.

Dünnschichttechnologie Befasst sich mit der Herstellung und Strukturierung dünner Schichten mit Dicken im Mikro- und Nanometerbereich.

EDM Electrical Discharge Machining, Funkenerosion; Verfahren zum elektrothermischen Abtragen bei leitfähigen Materialien. Der Abtrag erfolgt durch Funkenentladung zwischen einer Elektrode (Werkzeug) und dem leitenden Werkstück.

Einkristall Makroskopischer Kristall, der durch regelmäßige Wiederholung einer Basis im dreidimensionalen Raum entsteht. Die Basis besteht aus einem oder mehreren Bausteinen (Atome, Ionen oder Moleküle).

Epitaxie Gruppe von Verfahren zur Abscheidung einkristalliner Strukturen oder Schichten auf einem einkristallinen Substrat.

Galvanoformung Herstellung von Strukturen durch galvanische Abscheidung metallischer Materialien.

HARMST High Aspect Ratio Microstructure Technology; Techniken zur Herstellung von Mikrostrukturen mit hohen Aspektverhältnissen.

IC Integrated Circuit, integrierter Schaltkreis; auf einem einige Quadratmillimeter großen Silizium-Plättchen (Chip) aufgebrachte elektronische Schaltung. ICs können bis zu einigen Milliarden Transistoren enthalten.

IoT Internet of Things, Internet der Dinge; beschreibt die Verknüpfung physischer Objekte (Dinge) über das Internet.

Lab-on-a-Chip Chip-Labor; mikrofluidisches System, das einen oder mehrere Laborprozesse auf einem nur wenige Quadratzentimeter großen Chip integriert.

LIGA-Technik Fertigungsverfahren für Mikrostrukturen mit hohem Aspektverhältnis. Das Verfahren kombiniert die Prozesse Tiefenlithografie, Galvanoformung und Mikroabformung. Beim Röntgen-LIGA-Verfahren erfolgt der Tiefenlithografie-Prozess mit Röntgenstrahlung, beim UV-LIGA-Verfahren mittels UV-Licht.

Lithografieverfahren Verfahren zur Erzeugung von Strukturen in einer strahlungsempfindlichen Schicht (Resist). Nach der „Belichtung" mit Licht (Fotolithografie, Laserstrahllithografie), Röntgenstrahlung (Röntgenlithografie) oder einem Elektronenstrahl (Elektronenstrahllithografie) werden die belichteten Stellen (Positivresist) oder die unbelichteten Stellen (Negativresist) in einer Entwicklerlösung aufgelöst. Danach kann die im Resist erzeugte Struktur auf das darunter liegende Substrat, zum Beispiel durch Ätzen übertragen werden. Die Belichtung erfolgt entweder parallel mit Hilfe einer Maskenprojektion (Fotolithografie, Röntgenlithografie) oder seriell mit einem fokussierten Strahl (Laserstrahllithografie, Elektronenstrahllithografie).

Magnetoresistive Effeke Beschreiben die Änderung des elektrischen Widerstands eines Materials unter dem Einfluss eines äußeren Magnetfeldes. Es gibt mehrere magnetoresistive Effekte, die auf unterschiedlichen physikalischen Prinzipien beruhen.

Maske Wird bei der lithografischen Maskenprojektion eingesetzt und enthält entsprechend der zu übertragenden Struktur absorbierende und durchlässige Bereiche. Fotomasken bestehen aus einem Quarzglasträger mit darauf aufgebrachten absorbierenden Strukturen aus Chrom. Röntgenmasken bestehen aus einer dünnen Trägerfolie, die die durchtretende Strahlung nur wenig schwächt, und darauf aufgebrachten Absorberstrukturen, die die Röntgenstrahlung in den gewünschten Bereichen möglichst vollständig absorbieren.

Maskierschicht Dünnschicht, die das Substrat an den nicht zu bearbeitenden, zum Beispiel an den nicht zu ätzenden Bereichen, schützt. Häufig benutzte Maskierschichten bestehen aus Siliziumdioxid, Siliziumnitrid, Metallen und Fotoresist.

Meter Einheit der Länge im Internationalen Einheitensystem; Mikrometer: $1\,\mu m = 10^{-6}\,m$; Nanometer: $1\,nm = 10^{-9}\,m$.

Mikroelektronik Beschäftigt sich mit dem Entwurf, der Entwicklung, der Herstellung und der Anwendung von ICs.

Mikrofluidik Befasst sich mit der Untersuchung und der Beeinflussung des Strömungsverhaltens von Flüssigkeiten und Gasen in Strukturen mit Abmessungen im Mikrometer-Bereich.

Mikromechanik Befasst sich mit dem Entwurf, der Fertigung und Anwendung von mechanischen Bauelementen mit funktionsbestimmenden Abmessungen im Mikrometer-Bereich. „Mikromechanik" wird häufig synonym für „Mikrosystemtechnik" verwendet.

Mikro-Nano-Integration Integration von Nanoobjekten und Nanostrukturen in Mikrosysteme.

Mikrosysteme, Micro-Electro-Mechanical Systems (MEMS), Micromachines Mikrosysteme haben je nach Anwendung Abmessungen von bis zu einigen 10 mm. Dabei besitzen typische funktionsbestimmende Komponenten Strukturgrößen im Bereich von einigen 10 nm bis zu einigen 100 µm. Sie bestehen im Allgemeinen aus mehreren miniaturisierten Funktionselementen, wie Sensoren, Aktoren und signalverarbeitenden Komponenten.

Mikrosystemtechnik, Mikrotechnik Befasst sich mit dem Entwurf, der Fertigung und Anwendung von Mikrosystemen.

Mikrotechnologien Verfahren zur Herstellung von Mikrosystemen.

Miller-Indizes Von W. H. Miller 1839 eingeführte Methode zur eindeutigen Bezeichnung von Ebenen im Kristallgitter.

Mooresches Gesetz Gordon Moore sagte 1965 eine regelmäßige Verdopplung der Anzahl von Transistoren pro Chipfläche etwa alle 18 bis 24 Monate voraus.

More Moore Trend zur weiteren Miniaturisierung digitaler Funktionen entsprechend dem mooreschen Gesetz.

More-than-Moore Trend zur funktionellen Diversifizierung integrierter Systeme, wobei die nicht-digitalen Funktionen (zum Beispiel Analogelektronik, Sensoren, Aktoren, Biochips) nicht im gleichen Maße skalieren wie die digitalen Funktionen.

Nanotechnologie Materialien und Systeme, die in einer oder mehreren Dimensionen Strukturen kleiner als 100 nm aufweisen. Nanotechnologie beruht auf größenabhängigen Funktionen, die keine Äquivalente in der makroskopischen Welt haben.

Oberflächenmikromechanik Mikromechanischer Fertigungsprozess, bei der mehrere Schichten auf der Oberfläche des Substrates aufgebracht und strukturiert werden.

Opferschichttechnik Eine Opferschicht ist eine Abstandsschicht, die nach Strukturierung der darüber abgeschiedenen Funktionsschicht weggeätzt wird, so dass freistehende Strukturen entstehen. Die Opferschichttechnik wird vorwiegend in der Oberflächenmikromechanik angewendet.

Pa Pascal; Einheit des Druckes und der mechanischen Spannung im Internationalen Einheitensystem. $1\,\mathrm{Pa} = 1\,\mathrm{Nm}^{-2} = 1\,\mathrm{kg} \cdot \mathrm{m}^{-1} \cdot \mathrm{s}^{-2}$. Der mittlere Luftdruck der Atmosphäre auf Meereshöhe beträgt $101325\,\mathrm{Pa} = 1013{,}25\,\mathrm{hPa}$.

PDMS Polydimethylsiloxan; Polymer auf Siliziumbasis, das sich durch niedrige Materialkosten, optische Transparenz im Wellenlängenbereich von 240 bis 1100 nm, Biokompatibilität und thermische Stabilität bis etwa 200 °C auszeichnet. Darüber hinaus ist PDMS chemisch inert und gasdurchlässig.

Piezoelektrischer Effekt Der direkte piezoelektrische Effekt beschreibt das Auftreten einer elektrischen Spannung bei elastischer Verformung eines piezoelektrischen Kristalls (zum Beispiel Quarz). Umgekehrt verformt sich ein piezoelektrischer Kristall bei Anlegen einer äußeren elektrischen Spannung (reziproker piezoelektrischer Effekt).

Piezoresistiver Effekt Beschreibt die Änderung des elektrischen Widerstands eines Materials bei Dehnung (Streckung oder Stauchung).

Polykristall Kristalliner Festkörper, der aus vielen kleinen Einzelkristallen (Kristalliten) besteht. Diese sind durch Korngrenzen voneinander getrennt. In der Mikroelektronik und in der Mikrosystemtechnik wird häufig polykristallines Silizium (Polysilizium) verwendet.

Power MEMS Miniaturisierte Energiequellen und Bauelemente zur Gewinnung von Energie aus der Umwelt (Energy Harvesting).

PUF Physically Unclonable Functions; physikalisch nicht klonierbare Funktionen. Eine zur Identifizierung von Objekten eingesetzte Methode, bei der ein komplexes Verhalten eines physikalischen Systems ausgenutzt wird, um einen Code zu erstellen. Dieser wird nicht auf dem Chip gespeichert, sondern auf Anfrage jedes Mal neu generiert. Der Code kann daher von Angreifern so gut wie nicht extrahiert und geklont werden.

PVD Physical Vapor Deposition, physikalische Gasphasenabscheidung; Schichtaufbau durch Kondensation eines Dampfes auf dem zu beschichtenden Substrat. Der aus Atomen oder Molekülen bestehende Dampf wird physikalisch, zum Beispiel durch Verdampfen oder Kathodenzerstäubung (Sputtern), erzeugt.

RIE Reactive Ion Etching, reaktives Ionenätzen; Trockenätzprozess, der ein chemisch reaktives Plasma zum Materialabtrag nutzt.

Sensor Bauelement, das physikalische oder chemische Messgrößen erfasst und in elektrische Signale umsetzt. Ein Mikrosensor wird mit mikrotechnischen Verfahren hergestellt.

Silizium-Planartechnologie In der Mikroelektronik eingesetzter Prozess zur Herstellung von ICs. Auf einem einkristallinen Siliziumsubstrat werden komplexe Folgen dünner Schichten abgeschieden und lateral durch Lithografie und Ätzen strukturiert.

Softlithografie Gruppe von Verfahren, mit denen hochaufgelöste Strukturen im Nano- und Mikrometerbereich hergestellt werden können. Softlithografie basiert auf Techniken, die eine Reliefstruktur aus elastischem, mechanisch weichem Material als Stempel oder Gussform nutzen.

SOI Silicon-on-Insulator; spezielles Substratmaterial für die Fertigung von mikroelektronischen und mikrosystemtechnischen Bauelementen. SOI-Wafer bestehen aus einem Basis-Silizium-Wafer. Darauf befindet sich eine elektrisch isolierende Schicht und darauf eine qualitativ hochwertige Schicht definierter Dicke aus einkristallinem Silizium.

Substrat Ausgangsmaterial für die Fertigung von Bauelementen der Mikroelektronik und Mikrosystemtechnik.

Thermische Oxidation Verfahren, bei dem auf einem einkristallinen Siliziumsubstrat eine dünne Schicht aus amorphem Siliziumdioxid erzeugt wird. Der Prozess basiert auf der chemischen Reaktion von Sauerstoff oder Wasserdampf mit Silizium.

Trägheitssensoren Drehraten- und Beschleunigungssensoren, die auf dem physikalischen Prinzip der Massenträgheit beruhen.

Transistor Elektronisches Halbleiter-Bauelement zur Verstärkung, Steuerung und Modulation elektrischer Spannungen und Ströme.

Volumenmikromechanik Mikromechanischer Fertigungsprozess, bei der Teile des Substrates abgetragen werden.

Wafer Kreisförmige oder quadratische, einige 100 µm dicke Scheibe aus dem Ausgangsmaterial für die Fertigung von Bauelementen der Mikroelektronik und Mikrosystemtechnik (Substrat). In der Mikroelektronik werden im Allgemeinen Wafer aus einkristallinem Silizium verwendet.

Waferbonden Verfahren, bei dem zwei Wafer miteinander verbunden werden. Bondpartner sind zum Beispiel: Silizium-Silizium, Silizium-Glas, PDMS-PDMS, PDMS-Glas.

Weiterführende Literatur

1. J. Albers, *Kontaminationen in der Mikrostrukturierung* (Carl Hanser, München, 2005)
2. S. Beeby, G. Ensell, M. Kraft, N. White, *MEMS mechanical sensors* (Artech House, Norwood, 2004)
3. R. Brück, N. Rizvi, A. Schmidt, *Angewandte Mikrotechnik* (Carl Hanser, München, 2001)
4. S. Büttgenbach, *Mikromechanik*, 2. Aufl. (B. G. Teubner, Stuttgart, 1994)
5. J. Frühauf, *Werkstoffe der Mikrotechnik* (Carl Hanser, München, 2005)
6. G. Gerlach, W. Dötzel, *Einführung in die Mikrosystemtechnik* (Carl Hanser, München, 2006)
7. S. Globisch (Hrsg.), *Lehrbuch Mikrotechnologie* (Carl Hanser, München, 2011)
8. A. Heuberger, *Mikromechanik* (Springer, Berlin, 1989)
9. U. Hilleringmann, *Mikrosystemtechnik* (B. G. Teubner, Wiesbaden, 2006)
10. U. Hilleringmann, *Silizium-Halbleitertechnologie*, 6. Aufl. (Springer Fachmedien, Wiesbaden, 2014)
11. C. Liu, *Foundations of MEMS* (PearsonEducation, Harlow, 2012)
12. M.J. Madou, *Fundamentals of Microfabrication and Nanotechnology*, 3. Aufl. 3 Bände (CRC, Boca Raton, 2011)
13. N.-T. Nguyen, *Mikrofluidik* (B. G. Teubner, Wiesbaden, 2004)
14. N. Schwesinger, C. Dehne, F. Adler, *Lehrbuch Mikrosystemtechnik* (Oldenbourg, München, 2009)
15. S.M. Sze, *VLSI Technology*, 2. Aufl. (McGraw-Hill, Auckland, 1984)
16. F. Völklein, T. Zetterer, *Praxiswissen Mikrosystemtechnik*, 2. Aufl. (Friedr. Vieweg & Sohn, Wiesbaden, 2006)
17. E.L. Wolf, *Nanophysik und Nanotechnologie* (Wiley-VCH, Weinheim, 2015)

Sachverzeichnis

Printed in the United States
By Bookmasters